智能电网科普

国网四川省电力公司技能培训中心
四川电力职业技术学院 编
四川省电机工程学会科普工作委员会

黄河水利出版社

· 郑州 ·

内 容 提 要

本书对电力基础知识以及电网发展中的新理念、新技术、新功能等进行了分析和解读，内容涵盖了新能源发电技术、特高压输电技术、新型电力系统、电动汽车以及智能家居等多个方面的知识。内容展现形式上主要以图文并茂为主，多采用类比的手法，并结合日常生活和生产用电实例，以通俗易懂的语言和真实直观的图示对电力知识进行了阐释，便于读者能够更高效地理解书中内容，起到更好的科普宣传作用。

图书在版编目（CIP）数据

智能电网科普 / 国网四川省电力公司技能培训中心，四川电力职业技术学院，四川省电机工程学会科普工作委员会编 . — 郑州：黄河水利出版社，2023.8
ISBN 978 - 7 - 5509 - 3734 - 5

Ⅰ . ①智…　Ⅱ . ①国…　②四…　③四…　Ⅲ . ①智能控制—电网　Ⅳ . ① TM76

中国国家版本馆 CIP 数据核字（2023）第 180448 号

组稿编辑：田丽萍　电话：0371-66025553　E-mail：912810592@qq.com

出　版　社：黄河水利出版社　　　　　　　　　　网址：www.yrcp.com
　　　　　地址：河南省郑州市顺河路黄委会综合楼 14 层　邮编：450003
发行单位：黄河水利出版社
　　　　　发行部电话：0371‑66026940、66020550、66028024、66022620（传真）
　　　　　E-mail：hhslcbs@126.com
承印单位：河南瑞之光印刷股份有限公司
开本：890 mm×1 240 mm　　1/32
印张：4
字数：120 千字
版次：2023 年 8 月第 1 版　　　　　　　印次：2023 年 8 月第 1 次印刷

定价：40.00 元

《智能电网科普》编委会

前　言

　　电能已经成为我们日常生活中必不可少的能源，无论是对居民生活，还是对工业生产，都有着极其重要的影响。随着经济的高速发展，社会用电量屡创新高，对电力能源、电网安全以及供电可靠性等多个方面都提出更高、更新的要求。因此，作为社会活动中的每一个个体，了解电力相关知识显得尤为重要。

　　我国"双碳"目标提出后，各行各业快速响应，构建以新能源为主体的新型电力系统是实现"双碳"目标的具体举措与实践。本书系统梳理了电力技术发展历程，对电力系统发展过程中不断涌现的新理念、新技术、新功能等进行了深入分析和解读，内容涉及新能源发电技术、特高压输电技术、新型电力系统、电动汽车以及智能家居等多个方向的知识和应用成效。展现形式上多采用图文并茂的形式，并结合日常生活和生产用电实例，借助通俗易懂的语言和真实直观的图示对电力知识进行了详细阐释，便于读者能够更加高效地理解书中内容，从而达到更好的科普宣传效果。

　　本书编制过程参考了国家现行《中华人民共和国电力法》和相关国家标准、行业标准及企业标准等，若各项标准有更新，以最新标准为准。

　　本书由国网四川省电力公司技能培训中心、四川电力职业技术学院、四川省电机工程学会科普工作委员会组织编写。

编　者

2023 年 5 月

目录 Contents

第一章　智能电网概念

一、智能电网发展历史

电力系统是人类制造的最庞大、最复杂的系统之一，也是人类取得的最辉煌的工程成就之一。近年来，随着国内外经济社会发展，人们对电力网络建设提出了更高的标准和要求，不仅需要更强的电力输送能力，而且要求能够提供更高的能源利用效率，在此背景下，智能电网（smart grid）应运而生。

面对世界电力发展的新动向，国家电网公司在深入分析中国国情和世界电网发展新趋势的基础上，紧密结合我国用电服务的实际情况和能源供应的新形势，经过大量的考证、研究和论证，在2015年就建成了初具规模且具备信息化、自动化、互动化特征的智能电网体系，形成了以华北、华中、华东为受端，以西北、东北为送端的三大同步电网，使电力系统的科技以及智能化水平得到全面提升。此外，国家电网对智能电网体系的三个推进阶段作了具体定位，现均已完成，具体路线为：2009～2010年为规划试点阶段，重点开展智能电网技术标准和发展规划的编制工作，开展各个环节的试点工作；2011～2015年为全面建设阶段，加快特高压骨干网架、各级电网协调发展的统一智能电网体系建设，初步形成智能电网运行控制和互动服务体系，在关键技术和设施上实现重大突破和广泛应用；2016～2020年为引领提升阶段，全面建成统一的智能电网体系，使得电力系统的资源配置能力，以及电网与电源、用户之间的互动性显著提高，使得电力系统在服务清洁能源开发、保障能源供给与稳定、促进经济社会平稳发展中发挥愈加重要的作用。

2022年5月25日，粤港澳大湾区直流背靠背电网工程正式投产；6月30日，华东地区最大抽水蓄能电站——浙江长龙山抽水蓄能电站全面投产，这一巨型"充电宝"承担起电网调峰、填谷等任务；7月1日，全长2 080 km的白鹤滩至江苏特高压直流工程投产。我国的电力系统正在变得更加智能。

图1-1　白鹤滩至江苏特高压直流工程

在过去，辛勤工作学习后回到家的我们，需要自己去打开热水器、空调，汽车也需要专门去加油站加油。而现在，在回家之前，只要轻点鼠标，指令信息就会传回智能家电信息中心，热水器已经提前启动，为我们舒舒服服地冲热水澡做好准备；空调已按我们的指令自动打开，一进家门就是一个舒适宜人的环境；躺在软软的床上，遥控灯光让环境变得温柔，让我们享受属于自己的静谧；夜晚，家里的电动汽车开始充电，洗衣机也开始工作，因为它们已经感应到此时的电价是一天中最低的；入睡之前，窗帘在遥控器的指令下徐徐拉上，带着刚才满眼的星光和我们一同入梦。上述这些原本只在科幻电影里出现的情景，正经由电力行业专家的努力而变成现实，并逐渐融入我们的实际生活。

图1-2　智能电网在家庭中的应用

　　与此同时，国外许多国家同样致力于智能电网的钻研。依照《欧洲未来电网战略部署文件》的描述，智能电网是一种能够智能地整合所有连接到它的资源（包括发电机、消费者和兼具两种职能的产品）的网络，以有效地提供可持续的、经济安全的电力供给。《韩国智能电网 2030 路线图》中明确指出，智能电网是指将信息技术集成到现有电网，并通过供电商和消费者之间的双向电力信息的实时交换来优化能源效率的下一代电网。美国国家标准与技术研究院（NIST）表示，智能电网是将多种数字计算和通信技术及其服务集成到电力系统基础设施中的电网，它超越了家庭和企业级的智能电表，拥有双向能量流动和控制能力，可以带来前所未有的新体验。

二、智能电网基本概念

　　由于各国和地区经济发展状况不同，对建立智能电网的目标也存在差异，因此到目前为止对智能电网尚未有一个世界范围内的定义。各国（地区）根据自身国情对智能电网的定义如表 1-1 所示。

表1-1　各国对智能电网的定义

国家（地区）	智能电网定义
中国	以特高压电网为骨干网架、各级电网协调发展的坚强电网为基础，利用先进的通信、信息和控制技术，构建的以信息化、自动化、数字化、互动化为特征的统一的坚强智能化电网
美国	用数字技术来提高从大型发电厂到电力用户的供电系统，以及越来越多的分布式发电和储能系统的可靠性、安全性和效率（经济性和能源性）
欧洲	可以智能地集成所有电力生产者和消费者的行为，以保证电力供应的可持续性、经济性和安全性
日本	一个可以促进更多地使用可再生和未使用的能源及本地产生的热能用于本地消费，并有助于提高能源自给率和减少二氧化碳排放，提供稳定的电力供应，并优化从发电到用户整个电网运行的系统

图1-3　国家电网与巴西的合作被称为中巴合作的"金字名片"

（图片来源：电网头条）

　　虽然各个国家的标准未统一，但我们从中可以看出，智能电网不再是由供电商向消费者的单向供电，而是依托现有的电力系统，借助于通信技术，实现供电商与消费者能量和信息的双向流动。这顺应了信息互通时代的发展，提高了电网的供电效率，节约能源。

换句话说，随着现代技术的出现和电网参与者之间日益增加的相互依赖，智能电网的可能性是巨大的。智能电网将提供一个"可靠性、可用性、效率和经济性能最大化及更高安全性"的平台。

图1-4 智能电网概念图

无论是在国内还是在国外，智能电网中的智能电表都能为我们带来直观的感受变化，智能电表能通过家中的电子控件与电网相连，不仅使我们能够及时感知峰谷（阶梯式）电价的变化，调整用电策略以实现节能降耗，还降低了电网高峰时段的负荷，提高了电网的可靠性，并有助于将可再生能源整合到电网中。其核心内涵是实现电网的信息化、数字化、自动化和交互性。

除此之外，智能电网还将推动智能小区、智能城市的发展，提升我们的生活品质。与过去的传统电网相比较，智能电网会朝着以下方面发展：

（1）可以让生活更便捷。家庭智能用电系统既可以实现对空调、热水器等智能家电的实时控制和远程控制，又可以为电信网、互联网、广播电视网等提供接入服务，还能够通过智能电表实现自动抄表和自动转账交费等功能。

（2）可以让生活更低碳。智能电网可以接入小型家庭风力发电和屋顶光伏发电等装置，并推动电动汽车的大规模应用，从而提高清洁能源消费比重，减少城市污染。

（3）可以让生活更经济。智能电网可以促进电力用户角色转变，使其兼有用电和售电两重属性；能够为我们搭建一个家庭用电综合服务平台，帮助我们合理选择用电方式，节约用能，有效降低用能费用支出。

三、智能电网的典型特征

电网，是一个强大的电能传输网络，由各类供用电设备和线路组成，为千家万户、企业送去电能，成为国民经济发展的重要基础保障。当我们赋予电网一定"智慧"和"能力"的时候，电网将变得"强大"起来，可以与用户进行互动，从而提供更加精准、快捷、优质的电力服务。同时，它还能够支持新能源大规模接入和可持续发展，不断推进电力市场化改革，为电力企业提供更多的商业机会和服务空间。现在，让我们一起来看看身边的智能电网到底"智能"在什么方面。

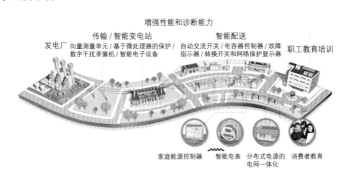

图1-5　从电厂到用户的智能电网全景图

（一）更便捷的服务

过去，用户对于电网来说，能做的事情并不多，按时交电费，或者自己看一看电表，了解一下用电情况。但在智能电网中，用户将是电力系统不可分割的一部分。鼓励和促进用户参与自身运行和管理，是智能电网的一大重要特征。

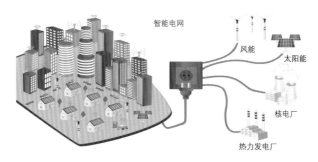

图1-6　未来智能电网

对供电公司而言，掌握了用户的需求，就可以更好地衡量供求关系。通过统计用户的用电信息，供电公司可以从数据分析中了解一个区域内的用电规律，譬如什么时段用电多，什么时段用电少，进而相应地制订各个区域内经济节能的发电和输配电方案。

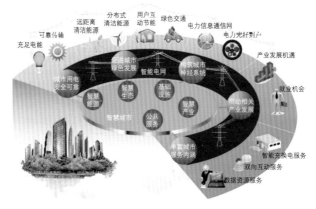

图1-7　智慧城中的智能电网

对于用户来说，电力消费将会变得跟手机电话费一样，可以选择性地消费。用户可以选择不同的方案来购买电能、选择用电。譬如用户可以随时查询到当前时段电价。高峰时段电价高，那么我就尽量少用；低谷时段电价便宜，就配合智能化电器定时操作或远程控制，选择在低电价的时段用电。

图1-8　位于天津中新生态城的国家电网智能营业厅

在智能电网中，供电公司和用户会建立双向实时的通信系统，供电公司可以实时通知用户其电力消费的成本、实时电价、电网的状况、计划停电信息以及其他一些服务的信息等，实现信息透明化。与此同时，用户也可以根据这些信息制订合适的用电方案。

图1-9　智能电网的综合能源服务

（二）更智能的设备

通过在手机上安装的用电 App，就能远程遥控电热水器、空调、冰箱、电热水壶等电器，可以轻松实现在电价便宜的时候用电；冬天外出，回家之前通过 App 提前打开空调，开门就能触摸温暖；早晨 6 点之前借助 App 定时功能用半价电烧一壶水……智能电网创造出的这些使用场景，可以为用户提供便捷、安全的用电服务。

图1-10　智能物联感知万物

智能电网中的配变电量采集箱，也不单单只是具有过去的单向采集功能，它们会自带 Wi-Fi 和网络功能，将用户的用电信息、数据收集之后，通过网络发送到供电公司的数据终端。供电公司将对这些数据进行归类、对比分析，再根据用户用电的实际情况，为其量身定制用电方案，并通过手机短信等形式发送告知。

智能家电、智能控制设备等智能终端，将在智能电网中占据很重要的地位。

单耗统计　能效统计　成本统计　分类监测　分项监测

故障定位　运维管理　自定义报表　能源绩效分析　分析报告

图1-11　能源管理系统

（三）更坚强的电网

智能电网可以自动收集调度、输配电、发电和用户信息等大数据，通过软件实现实时可视化运算分析，可以全面完整地展示电网运行状态中每一个细节，为管理层提供辅助决策支持和依据。

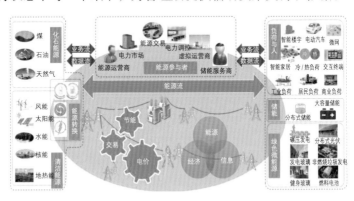

图1-12　智能电网数据互联互通

不仅如此，通过大数据分析电网负载的历史数据和实时数据，展示全网实时负载状态，可以预测电网负载变化趋势。同时，通过综合性的管理，提高设备的使用率，降低电能损耗，使电网运行得更加经济和高效。

图1-13　数据管理及可视化平台

如有故障发生，智能电网将以最快的速度将故障设备从电网系统中隔离出来，并且在几乎自动化的状态下实现系统自我修复，回到正常运行状态，从而做到几乎不中断对用户的供电服务。

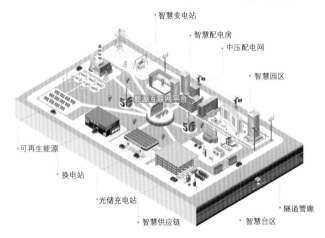

图1-14 智能配电网可靠性解决方案

智能电网的自我修复功能如同人体的免疫系统一样，保证着电网和用户的安全。

（四）更多样的能源

光伏发电、风力发电、地热发电等新能源发电，过去很难和传统电网相连接。而智能电网将改变这 现状，它能够实现不同能源之间的交互，进一步提高能源利用效率。

图1-15 多种清洁能源接入

智能电网会简化新能源发电入网过程，通过改进的互联标准使各种各样的发电和储能系统轻松接入，做到"无缝接入、即插即用"。未来，用户甚至可以安装自己的发电设备，实现自产自销。

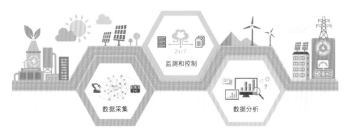

图1-16　清洁能源轻松接入

（五）更新颖的汽车

过去，传统电网中的储能设施很少，电能的生产是一次性的，生产出来就必须立刻用掉。但在智能电网中，储能技术将是"重头戏"。

图1-17　清洁能源与储能系统

无论是集中式的大容量储能电站，还是分布式的小容量储能电站，甚至小到电动汽车电池的储能作用，都是智能电网中的各种储能形式。而这其中，电动汽车对于普通用户来说，距离最近也最容易实现，由此可以预见，电动汽车的发展将是不可阻挡的。

图1-18 新能源汽车光伏充电站

　　未来，用户都将拥有自己的发电和储能设施，在自给自足的同时，还可能倒送给电网，以实现相互调剂。譬如，在用电低谷时，电网供应的能量用不完，就可以先储存起来，以备自己或邻居在用电高峰时进行支援；而当用电出现高峰，自己储存的电能供应不足时，通过邻居储存的电能，就可以立即补足自己的用电需求。

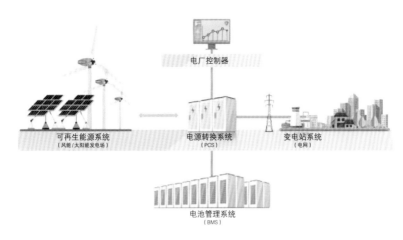

图1-19 能源储存系统示意图

四、较传统电网的优势特点

相较于传统电网，目前国际上对智能电网的特点基本达成共识，即自愈、交互、兼容等优势。

（一）"自愈"——实现趋势预测和自我修复

自愈是指智能电网对其自身运行状态进行连续的在线自我评估，并采取预防性的控制手段，消除故障隐患；故障发生时，在没有或少量人工干预下，能够快速隔离故障、自我恢复。自愈主要包含以下自我预测及自我修复。

1. 电网负载趋势预测

智能电网可以通过大数据分析电网负载的历史数据和实时数据，展示全网实时负载状态，可以预测电网负载变化趋势。同时，通过综合性的管理，提高设备的使用率，降低电能损耗，使电网运行得更加经济和高效。

2. 设备故障趋势预测

通过大数据分析电网中故障设备的故障类型、历史状态和运行参数之间的相关性，预测电网故障发生的规律，评估电网运行风险，可以实现实时预警，让技术人员提前做好设备维护和检查工作。

3. 电网实现自我修复

智能电网能将电网中的故障设备，以最快的速度从电网系统中隔离出来，并且在几乎自动化的状态（很少或不用人为干预）下实现系统自我恢复，达到正常运行状态，从而做到几乎不中断对用户的供电服务。我们可以类比一下人体的免疫系统，这和智能电网的自我修复很类似，当电网发现已经存在或可能出现的故障时，立即采取措施加以控制或纠正。

（二）"真诚"——与用户双向奔赴

在过去，对于传统电网来说，用户能做的大多只是按时缴纳电费。而对智能电网来说，它鼓励和促使用户参与自身运行和管理。智能电网使电力供应商与消费者之间建立实时信息联系，及时向用户提供电价、停电消息以及其他一些服务信息，而用户也可以将自己的用电计划及时反馈给供应商，平衡供需关系，有利于电网稳定。同时，通过市场交易激励电力市场主体参与电网安全管理，提升电力系统的安全运行水平。

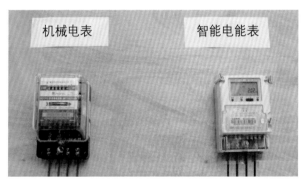

图1-20　老式机械电表和智能电能表对比

此外，通过调节用户的用电时间，便可有效地提高电网终端用电效率，削峰填谷，平滑电网负荷曲线，减轻电网负荷压力。这样做的好处是，减少或转移用电高峰时的电力需求，使电力公司尽量减少资本开支和营运开支。电力成本减少了，电价自然也会下调。

（三）"热情"——拥抱新能源

在过去，传统电网的发电侧一般是都是火力发电、水力发电以及核电，而光伏发电、风力发电、地热发电等新能源发电，都很难和传统电网相连接。而智能电网将改变这一现状。智能电网能兼容各种发电和储能系统，不仅可以兼容大规模的集中式电厂，还可以兼容不断增多的分布式能源。

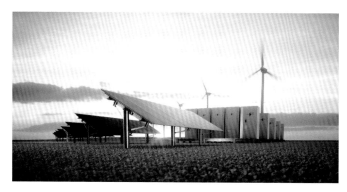

图1-21　太阳能发电与风能发电

智能电网通过简化新能源发电入电网的过程、改进互联标准，将使各种各样的发电和储能系统容易接入，做到"无缝接入、即插即用"。从小到大各种不同容量的发电和储能设备，在所有的电压等级上都可以实现互联（包括光伏发电、风电、电池系统、即插式混合动力汽车和燃料电池等）。未来，用户甚至可以安装自己的发电设备，实现自产自销。

第二章　智能电网关键技术

一、川渝1 000 kV特高压交流工程——"电力快车"助力西部发展

川渝特高压交流工程是连接四川、重庆电源和负荷中心，构建西南特高压交流骨干网架的起步工程。川渝特高压工程建成后，每年输送清洁电能将超过 350 亿 kW·h，对构建清洁低碳、安全高效的能源体系，保障区域能源安全，具有重要意义。同时，川渝特高压工程是世界上最高海拔的特高压交流输变电工程，将首次面临高海拔、重覆冰、高地震烈度三重挑战。川渝 1 000 kV 特高压交流工程是中国电力系统建设的重要项目之一，是我国电力系统领域的一项重大创新和突破。下面将从发展背景、技术特点、应用前景等方面进行介绍。

图2-1　特高压线路

（一）发展背景

川渝 1 000 kV 特高压交流工程的建设，是为了满足四川、重庆等地区快速增长的电力需求，解决长距离输电、大容量输电的难题，推动西部地区的经济发展。同时，这也是中国电力系统向更高电压、更大容量、更远距离传输目标迈进的标志性事件。

（二）技术特点

（1）高电压等级。

川渝 1 000 kV 特高压交流工程的电压等级达到了 1 000 kV，是当前中国交流电力系统中最高的电压等级。高电压等级可以大幅降低输电线路的电流密度，减少输电线路的损耗，提高输电线路的传输能力。

（2）输电容量大。

川渝 1 000 kV 特高压交流工程的输电容量达到了 1 200 万 kW，相当于传统 500 kV 输电线路的 4 倍。这样的大容量输电能力，可以满足西部地区经济快速发展的需求，提供更为稳定可靠的电力供应。

（3）长距离输电。

川渝 1 000 kV 特高压交流工程的线路长度达到了 2 275 km，是我国目前最长的特高压输电线路。特高压输电线路的低损耗和大传输能力，可以实现远距离输电，使电力资源得到更好的利用和实现优化配置。

（三）应用前景

（1）创新发展。

川渝 1 000 kV 特高压交流工程的建设，代表了中国电力系统在技术创新和发展方面的最新成果。未来，特高压输电技术将成为电力系统发展的重要方向之一，为我国的电力工业注入新的活力和动力。

图2-2 特高压线路

（2）加速电力资源优化配置。

特高压输电技术可以实现电力资源的优化配置，提高电网的传输能力和稳定性。这将有助于加速西部地区的电力资源开发和利用，推动电力工业的快速发展。

（3）促进经济发展。

特高压输电技术的应用，将有助于促进西部地区的经济发展，提升其竞争力和影响力。特高压输电线路不仅可以输送电力，还可以成为通信、遥控等多种服务的载体，为西部地区的现代化建设和城市化进程提供支持。

川渝1 000 kV特高压交流工程是中国电力系统的一项重要工程，是我国电力工业的一项重大创新和突破。特高压输电技术的应用具有重要的意义，将为中国电力工业的发展注入新的活力和动力，推动中国电力工业的快速发展。

二、综合能源管理系统——多能源"智慧管家"

综合能源管理系统特指在规划、建设和运行等过程中，通过对能源的产生、传输与分配（能源网络）、转换、存储、消费等环节进行有机协调与优化后，形成的能源产供销一体化系统。它主要由供能网络（如供电、供气、供冷/热等网络）、能源交换环节〔如CCHP（冷热电三联供）机组、发电机组、锅炉、空调、热泵等〕、能源存储环节（储电、储气、储热、储冷等）、终端综合能源供用单元（如微网）和大量终端用户共同构成。下面从概念、结构、功能和应用实例等方面进行介绍。

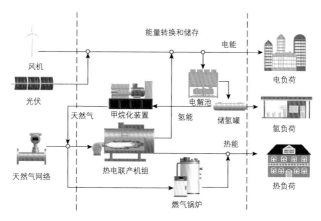

图2-3　电-热-氢综合能源系统结构示意图

（一）综合能源管理系统的概念

综合能源管理系统是指一种集成化的、智能化的能源管理系统，它通过数据采集、数据分析、智能控制等技术手段，对各种能源进行全方位的管理和优化，以降低能源成本、提高能源利用效率、改善能源环境等。综合能源管理系统由多个子系统组成，包括能源监测与数据采集系统、能源分析与预测系统、能源控制与调度系统等。

（二）综合能源管理系统的结构

综合能源管理系统主要包括以下几个组成部分：

（1）能源监测与数据采集系统。主要负责对各种能源进行实时监测和数据采集，包括电力、燃气、水等，通过传感器、智能电表等设备采集数据，将数据传输到云端进行分析和处理。

（2）能源分析与预测系统。主要负责对采集的能源数据，包括能源消耗趋势、能源成本分析、能源利用效率等，通过算法和模型进行数据分析和预测。

（3）能源控制与调度系统。主要负责对能源进行控制和调度，包括能源的供需平衡、能源的优化配置、能源的节约管理等，通过智能控制器、执行器等设备实现能源的自动化控制和调度。

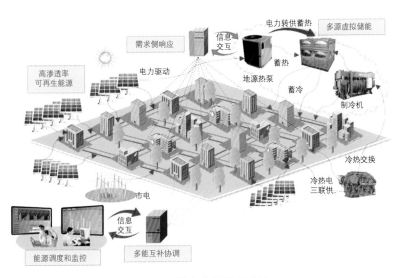

图2-4　综合能源管理系统

（三）综合能源管理系统的功能

综合能源管理系统具有虚拟储能、需求侧响应、多能互补协调、能源调度和监控以及提高新能源在电力系统中的渗透率等功能。具体可概括为以下几个方面：

（1）能源监测。可以实时监测各种能源的使用情况，包括能源的消耗情况、能源的质量等，通过数据采集和传输，将数据传输到云端进行分析和处理。

（2）能源分析。可以对采集的能源数据进行分析和处理，包括能源的成本分析、能源利用效率、能源消耗趋势等方面的分析，通过算法和模型实现数据的分析和预测。

（3）能源控制。可以对能源进行控制和调度，包括能源的供需平衡、能源的优化配置、能源的节约管理等，通过智能控制器、执行器等设备实现能源的自动化控制和调度。

（4）能源优化。可以通过数据分析和控制调度，实现能源的优化配置、提高能源利用效率、降低能源成本、改善能源环境等。

（四）综合能源管理系统的应用实例

综合能源管理系统已经广泛应用于各种场景和行业，包括工业、商业、住宅等。下面以某大型工业企业为例，介绍综合能源管理系统的应用。

该工业企业的生产过程涉及多种能源，包括电力、燃气、蒸汽等。通过引入综合能源管理系统，该企业可以实时监测各种能源的使用情况，包括能源的消耗情况、能源的质量等，通过数据采集和传输，将数据传输到云端进行分析和处理。

通过数据分析和预测，该企业可以实现能源的优化配置，提高能源利用效率，降低能源成本。例如，在生产过程中，如果某一时段某种能源的消耗过高，系统会自动发出警报，并对该能源进行调节和控制，以降低能源成本。通过综合能源管理系统，该企业还可以实现能源的自动化控制和调度。例如，在生产过程中，如果某一时段某种能源的供应不足，系统会自动调整该能源的供需平衡，以确保生产过程的正常进行。

总之，综合能源管理系统是一种集成化的、智能化的能源管理系统，可以实现对各种能源的全方位管理和优化，为企业在降低能源成本、提高能源利用效率、改善能源环境等方面带来巨大的经济效益和环境效益。

三、大数据的"妙用"

随着经济社会的发展，国民经济各行业对电力资源的需求不断增加，发电机节点与负荷节点数量增加，电网规模不断扩大，电网建设的速度越来越快。在这种背景下，电力企业在保证供电服务质量的基础上，不断尝试将现代信息技术融入电网业务，提高了电力系统的智能化、自动化和信息化水平，使我国电网逐步实现智能化。

电力企业在业务开展过程中，会有大量的数据生成，比如对于家庭用户，就有不同类型的用电数据（如电冰箱、电视机、电灯等用电数据），都可以通过特定的采集工具和大数据分析手段对负荷用电行为进行跟踪，可有效应用于用户服务、节能、用电安全、用电监测等多个场景。图2-5所示为对家庭负荷不同用电数据的分析。

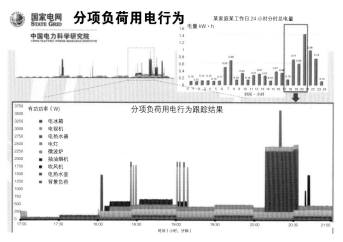

图2-5　用电数据分析

　　因此，在电力系统"发、输、变、配、用"这五个环节中，量测系统会获取大量的数据信息，包括电力调度运行数据、用户电量使用数据、GIS（地理信息系统）数据等。同时，分布式电源在电网的渗透率逐年增加，电动汽车作为一种灵活可调度资源，在电网运行中也逐渐呈现出越来越重要的作用，这种与电网的双向交换导致电网数据的存储量也迅速增长。除此之外，电力企业在主营业务工作中的其他环节也会产生大量数据信息，包括企业管理数据、客户服务数据等。根据这些数据来源的不同，可以分为测量数据、运营数据以及外部数据，具有规模大、运行速度高以及类型多样化的特点。

　　智能电网不同数据之间关系比较复杂，携带信息量庞大，处理过程差异也较大，不同行业、不同用电设备产生的数据信息也存在很大区别，若用传统的数据处理手段则会对电力企业造成较大的负担。而现代信息技术在电力数据采集、整理、分析过程中的创新融合大大减轻了这一负担，使得用电过程的信息采集、分析和传输可以在极短的时间内完成。同时，通过应用电力大数据技术，可以明确用电情况，为用户个性化用电提供重要保障。党的二十大报告提出，要加快建设数字中国，这对我国大数据产业的发展提出了更高的要求，需要加快发展大数据分析技术。下面将介绍电力行业实际生产中应用的包括税电指数、火锅指数、敬老智慧关爱系统、电力数据精准扶贫、智慧环保用电监测平台等在内的大数据分析关键技术及其应用场景，供读者更好地理解并应用电力大数据技术于生活和工作之中。

（一）税收数据和用电数据的结合——税电指数

2020年初，新冠肺炎疫情突如其来，给人民生活和社会经济发展带来了巨大的冲击，在这种背景下，为了快速、准确、简明地了解复工复产情况，四川省税务局和国网四川省电力公司创新性地提出了税电指数这一经济指标，以科学数据为经济的复苏提供了有力支撑。

税电指数指的是通过贯穿企业运行过程的采购、生产和销售三个环节，将税务部门掌握的企业税收销售发票数据和电力部门掌握的用电数据结合在一起，通过相关模型计算得到的指标。通过分析税电指数数值的大小，可以判断地区经济的活跃程度。若税电指数大于100，则说明经济状况较为活跃，而且数值越大，表明活跃程度越高。

税电指数最初是在新冠肺炎疫情期间，被用于分析企业复工复产情况。图2-6所示即为四川省新冠肺炎疫情期间通过税电指数查看复工复产情况示意图。

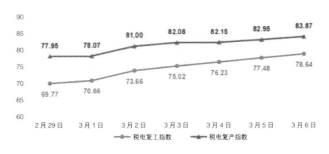

图2-6　税电复工复产指数

现在，新冠肺炎疫情已经过去，而税电指数也从最开始监测复工复产的"小灵通"发展成了地方经济运行的"探测器"。最早推出税电指数的四川省已将该指标纳入常态化发布的经济数据指标，例如，2022年四川省税电指数为103.1，其中生产指数为102.1，销售指数为104.1，税电指数处于景气区间，说明经济总体呈恢复和发展态势。除四川外，在浙江、江西、内蒙古、辽宁等地，税电指数也已被作为探测经济运行状态的有力工具。

不仅如此，税电指数还在不断创新发展之中，逐步形成更为完善、多元化的税电指数群。比如，税电指数贷就是四川省创新推出的一款惠民金融产品，帮助企业解决生产过程中遇到的难题。四川某新技术发展公司就通过税电指数贷申请了银行200万元授信，解决了生产带来的资金缺口，激发了市场主体的发展活力。同时，为了响应国家节能降耗政策，四川省还提出了"绿色能效税电指数"的概念，加强对"碳达峰""碳中和"双碳目标的动态监测和跟踪分析，切实助力早日实现"双碳"目标。

（二）火锅指数——"电力"＋"复工"

电力数据作为行业经济的先行指标，能够在一定程度上反映企业经营情况。通过分析日均用电量，可以判断餐饮行业企业的复工复产情况，促进经济协调健康发展。新冠肺炎疫情期间，餐饮行业受到严重打击，在这种背景下，"火锅指数"的概念首先被提出来。假设火锅烧开后调到1 500 W档位，火锅食材会耗电多少度呢？图2-7给出了答案。火锅烧开后仍然会耗电维持在恒定温度，2.5 L的锅底，一般平均每小时耗电1.5 kW·h左右，而对于3.8 L的锅底，一般平均每小时耗电1.8 kW·h左右。通过对火锅的用电数据进行分析，可以对国民的生活幸福度有个大概的衡量，在新冠肺炎疫情期间用来分析餐饮企业的复工复产情况。

麻辣火锅

10 秒烫一筷子
千层肚约：
0.004 度电

1分钟烫一筷子肥牛约：
0.025 度电

3分钟烫
一筷子精约：
0.075 度电

图2-7　火锅与电

"火锅指数"以"电力"+"复工"为建设理念，通过电力大数据分析，反映餐饮行业在新冠疫情期间的复工复产情况。"火锅指数"可以综合考虑企业复工率和复产率，能动态监测、精准分析各区域、各行业的经营情况。该指数越接近100，企业复工情况越好。

通过对"火锅指数"进行大数据分析与研判，可以掌握餐饮行业的经营状况。分析时，首先分析餐饮行业的总体情况，再逐个分析各个分类下餐饮企业的经营情况，同时对日均用量排名靠前的餐饮企业进行重点分析。通过这种大数据分析方法，在新冠肺炎疫情期间，发现各餐饮企业积极开拓新的经营模式，发展线上平台外卖业务，有效地使企业快速经营复苏，餐饮企业总体经营情况趋势变好。通过开发电力数据服务餐饮大数据产品，可以帮助政府更加全面地把握经济形势，精准施策，在经济发展中发挥更大作用。

（三）数字化手段服务老龄问题

根据第七次全国人口普查数据，60 岁及以上人口为 26 402 万人，占总人口的 18.7%；65 岁及以上人口为 19 064 万人，占总人口的 13.5%。这说明我国的人口老龄化程度愈加严重，在很长一段时间内都将面临人口结构失衡的压力。而这其中，四川省 65 岁及以上人口达 1 416.8 万人，占常住人口的 16.93%，位居全国第二，老龄化问题成为社会不容忽视的一方面，如何帮助越来越多的老年群体适应经济社会的发展需要引起关注。在这种背景下，国网四川省电力公司积极落实数字化转型要求，运用数字化手段服务高龄、孤寡、空巢老人，通过大数据分析掌握老人生活状态，帮助老人解决生活难题。

敬老智慧关爱系统便是在这样的背景下研发出来的大数据分析手段。敬老智慧关爱系统是利用电力物联网技术，由电力大数据分析、微型电器计量装置等模块组成的智能监测系统。通过这个系统，可以对家中用电数据进行采集，从而可以实现对独居老人的行为分析，如果用电数据出现异常，可以发现一些突发状况，从而自动联系紧急联络人或寻求社区和党员服务队的帮助，方便老人的远程求助。比如如果老人家里出现用电量超负荷的异常情况，敬老智慧关爱系统会自动断电，防止因用电不当出现火灾。图 2-8 所示为用户的家庭用电数据分析，若监测到异常数据，则立即判断是否发生突

5 号用户，无持续高电流异常，用户正常用电，无异常

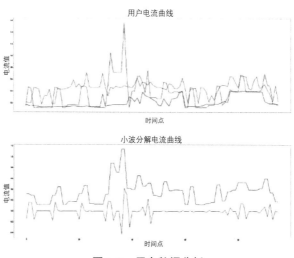

图2-8　用电数据分析

发状况，为独居老人提供关怀看护服务。

除此之外，一些便利老人生活的技术手段也在不断开发和应用中，包括老年版在线营业厅、停电信息可视化、智能机器人等服务，真正去深入了解老年群众的难事，为老年群众办实事、做好事。

（四）电力智慧支撑乡村振兴

电力数据来源于民生，也可以用于民生。2017 年，国家电网提出要充分发挥电力大数据的价值，辅助地方经济发展决策。在这个背景下，电力公司积极思考，用电力"测绘"民生，从脱贫攻坚到乡村振兴，电力大数据始终服务于扶贫事业。

比如，国网达州供电公司就借用数字化手段来进行精准扶贫，先后推出了"电力看民生""达州扶贫这五年""基于村网共建的'农电 e 平台'建设"等电力大数据产品，为民生发展、扶贫事业提供了珍贵的数据支撑。国网达州供电公司主要是以近几年的用电量、用电类型等电力数据为主体，对近 125 万户的用电数据、档案数据进行了分析，通过提取其中的贫困户、贫困区域特征，从多维度构建扶贫效果评估模型。在《"达州扶贫这五年"电力数据透视扶贫成效报告》中，对扶贫成效、居民生活水平、产业发展与就业及电力扶贫成效四个方面进行了分析，其中有一项数据特别提到：从 2014 年到 2018 年，达州市贫困村居民平均生活用电量由 12.85万 kW·h 增长至 20.68 万 kW·h，累计增长了 60.9%。用电量的增加，表明了生活质量的显著提升，也说明脱贫攻坚事业取得了优异成绩。

此外，其他电力公司也在积极探索如何使用电力大数据来助力乡村振兴。比如，国网甘肃省电力公司就通过融合经济、就业等相关因子，对贫困居民用电量数据进行监测分析，构建了人口流动指数、扶贫画像、乡村振兴指数等指标，通过电力数据整合扶贫成效数据，对扶贫效果进行量化分析，从而进一步丰富乡村治理手段，提升乡村管理数字化水平，为政府推进乡村振兴战略提供电力智慧。

通过对电力大数据进行分析挖掘，可以为政府扶贫工作的开展提供重要信息参考，有效助力乡村振兴，支撑民生水平稳步提升。

（五）用电数据助"双碳"

2020年9月，国家主席习近平在第七十五届联合国大会上宣布，中国二氧化碳排放力争于2030年前达到峰值，并努力争取2060年前实现"碳中和"，即"双碳"目标，这对国家的生态环保提出了更高的要求。2020年11月，国家电网与生态环境部签署了《电力大数据助力打赢打好污染防治攻坚战战略合作协议》，开启"生态环境+电力大数据"的政企合作新模式。截至2020年，国家电网与各级地方生态环境主管部门共签署战略合作协议60份，实现对13万家污染源企业用电情况进行在线监测，可以每年减少生态执法的现场核查超36万人次，节约相关企业环境监测设备采购成本超13亿元。比如，在四川，应用"智慧环保用电监测平台"可以实现1 h内对6 078家重点污染企业完成环保政策轮巡和异动实时报警。通过对企业的电力数据进行分析，成都市智慧环保用电监测平台可以实现对企业生产状况的在线监测与判断，以便相关部门可以及时

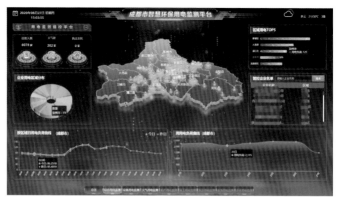

图2-9　成都市智慧环保用电监测平台

知晓违规生产企业，从而进行处置和打击，打击污染，保护环境。

研发团队首先对成都市涉及污染排放的企业进行筛选，选出用电规模相对较大并涉及污染排放的企业，将这些企业作为成都市的大气污染源数据库。基于数据挖掘，对数据库里面的企业重污染管控期间和正常生产期间的用电数据进行对比分析，从而可以发现管控期间违规生产的企业，为相关环保部门执法提供数据支撑。

通过实际应用，该环保监测平台取得了较好的效果。例如，在成都某一次橙色预警中，监测团队发现某企业的电力生产曲线与正常生产时的典型用电曲线相反，通过排查，发现该企业违规将日间生产转移到夜间。这些数据为环保执法部门提供了线索，让执法人员可以更有针对性地开展巡查工作。同时，极大地提高了执法效率，以往两个人一天大约可开展 10 家企业的排查，通过该监控平台，在 1 h 内就可以完成所有重点企业的线上巡查，节省了大量人力、物力和财力，并且优化了环保执法方式，有力支撑了"碳达峰""碳中和"目标实现。

四、人工智能技术——创新发展的"发动机"

人工智能是一种综合性技术科学，涵盖数学、认知科学、哲学、神经生理学、心理学等多种学科，在机器人、图像识别、自然语言处理等方面应用广泛。人工智能技术产生于 20 世纪 50 年代，但由于当时科学技术较为落后，直到 20 世纪 80 年代，人工智能技术才进入全新发展阶段，发展至今，已成为推动全球科技和产业创新发展的强大驱动力，在和我们息息相关的电力能源、智能电网等领域也应用广泛。本节将举例介绍人工智能在电力领域的具体应用场景。

（一）"小喔"机器人——流程固定化到自动化

"小喔"是一个RPA（robotic process automation，机器人流程自动化技术）机器人。2019年，为了更快地提升工作效率、更可靠地保障电力供应，实现为基层减负的目标，国网四川省电力公司联合顶尖技术团队启动了"小喔"机器人的研发工作。RPA是指一种新型的人工智能虚拟流程自动化机器人，技术的核心是通过自动化、智能化的方式来

图2-10　小喔logo

代替人工去进行一些重复性、低价值、无须人工决策的固定流程操作，从而解放人力、物力，提升工作效率，减少工作失误。"小喔"机器人就是通过采用该技术，模仿电力工作人员的日常业务，实现流程自动化操作、网上便捷充值、线上数据分析等工作，协助完成重复性、固定性操作，大大解放劳动力、提升工作效率。

"小喔"机器人已在供电服务、电网建设、电网业务等多个领域推广应用，为基层工作人员实打实地减负增效。例如，国网四川技培中心在"小喔"机器人的帮助下，在不到5 min的时间就完成了培训班的信息录入及核对，与往常业务时间相比，节省了90%的时间。2020年8月，成都市金堂城区遭遇洪峰过境，保证居民用电任务严峻，每天需要办理换装的智能电能表超过1 000个。在这种压力下，国网金堂供电公司让"小喔"机器人协助换装流程，将工作效率提高了近50倍，并且实现了零失误，有力地保障了居民生活用电。电力工作人员在"小喔"机器人的帮助下可对智能电表进行换装。除此之外，"小喔"机器人也可辅助开展"电费充值自动下单"业务，协助用户完成电费到表到户的操作，提升线上充值的成功率。"小喔"机器人还可以被用于分析重复停电问题，使

工作人员能在重复停电发生之前预先调整工作计划，提前向用户发停电通知，尽可能减少停电对生产的影响。

"小喔"机器人通过代替人工去进行一些固定化流程操作，一方面解放了劳动力，节约的人力和时间可用来从事更复杂、需要人工决策的工作；另一方面也大大减少了失误率，提高了工作效率，成为电力工作人员的好帮手。"小喔"机器人的应用进一步提升了电网的智能化水平。

图2-11 工人用电检修

（二）可视化智能决策系统——"营销大脑"

"营销大脑"是在数字赋能新型电力系统建设的大背景下，由国网浙江省电力有限公司营销服务中心牵头研发的全新智能生态系统。它充分运用人工智能、大数据、图计算等先进技术，可以实现营销"全要素、全业务、全流程"，提高供电服务的质量和效率。国网浙江省电力有限公司工作人员通过"营销大脑"数字化平

图2-12 "营销大脑"数字化平台

台可查看重点企业生产情况。

"营销大脑"具有营销管理驾驶舱、数字产品加工坊、营销服务工具箱等多个功能。

营销管理驾驶舱通过采用数智协同、知识图谱等智能化技术，可以为工作人员提供科学、实时以及可视化的决策。例如，通过驾驶舱的稽查在线协同应用，工作人员发现问题之后，可以第一时间跨越专业和层级将核查任务发送至相关专业和业务管理人员，一键并发，省时省力。

数字产品加工坊则是可以流水线式地孵化数字产品，满足相关部门和企业对电力数据的分析需求。正常情况下，对一个特定场景进行数据分析至少需要 2~3 d，而通过数字加工坊，不到 1 h 就可以完成。对于多源异构数据，可以通过加工坊对它们进行处理和融合，对于跨部门、跨层级的数据共享和业务协同有着重要作用。

此外，营销服务工具箱也开发了一系列便民便企的数字工具箱，如"成本优化测算器"，可以一键计算业扩办电成本；"云服务 –AI 客服"，可以对客户咨询实时自动回复等。

通过应用电力人工智能技术"营销大脑"，可以协助工作人员进行智慧决策，推动智能电网不断向前发展。

（三）真正"脱离人手"的无人机

近日，无人机输配电智能巡检技术被成功研发，真正提升了电力巡视检查的精益化、智能化和自主化。借助于人工智能技术，集成云台通过自适应调整、场景仿真、图像视频压缩等核心算法，与无人机移动终端对接，让无人机可以自主导航巡视并通过 AI 智能算法进行拍照完成工作任务。

基于前端 AI 分析的无人机自适应巡逻可以不受复杂区域环境的限制，根据塔台信息自主导航和避障，并自动调整云台，将拍摄

图2-13 无人机终端画面

目标居中。与传统巡逻相比，效率提升了 20 倍以上。同时，考虑到无人机在完成拍摄任务后，往往需要花费大量的时间进行数据传输，因此基于人工智能神经网络，采用轻量级图像编解码技术，可以将传输周期缩短 60% 以上，解决了电网智能化、数字化改造背景下的海量数据处理和传输问题。

无人机 AI 自适应巡检的应用，推动了智能电网的建设，提升了电网设备的精益化管理水平，进一步保障了电力系统的安全、可靠、绿色、高效、智能运行。

（四）来自AI机器人的智能催费电话

在以前，主要依靠人工以电话或上门贴单通知的形式来催收电费，需要大量的人力来从事这一业务。对于一个大省，需要协助电费催收业务的人员可能达到一万人。因此，急切需要智能新技术来改善局面，智能语音催费系统应运而生。

系统搭载了先进的人机交互技术，通过查询客户欠费状态，实现自主决策，从而向用户发起催费。系统针对电费充值配置了相关问答知识库，可以快速、实时、准确地回答用户关于欠费金额、交费方式、户名确认等基本问题，提供互动化服务。针对电力行业的特点，智能语音催费系统定制了数千个关键词，帮助 AI 机器人听懂并准确回复用户的各类问题，并且可以根据对话内容标注"客户已知晓""联系方式有误"等各类标签，自动形成客户诉求工单，方便电费催收业务进一步开展。

以国网浙江省电力有限公司为例，该智能语音催费系统已应用于浙江省多个城市，AI 机器人可以同时拨打 1 700 通催费电话，若日均工作 7 h，则可以拨打电话 50 万通，相当于 8 000 名催收人员一天的工作量，使电费回收时长平均缩短 2 d，减少人工催费工作量近 40%，预计一年可以创造上亿元的降本增效空间。智能语音催费系统在催费后可形成语音通话详情以及客户意向标签。

▶▶▶ 4 系统功能——通话状态监控

图2-14　智能语音催费系统

智能语音催费系统的推广应用可以大大减轻基层电费催收员工的工作压力，提高工作效率，进一步推动智能电网的"数字化"转型工作。

五、"信息高速公路"——5G技术

随着智能电网"数字化"转型、清洁能源革命、网络技术的不断深入发展，电动汽车与智能电网的交互、分布式能源、储能、配网自动化、电力市场、用户用电数据采集等业务快速发展，各类用电需求呈指数式增长，对智能电网的安全、可靠、灵活运行提出了更大的挑战。在这种背景下，5G通信受到广泛关注。它可以进一步提升电网的智能化水平，为用户提供更加可靠的能源供应，为电力行业带来深远的影响。

G是英语单词generation的缩写，表示的是"代"的意思。如果把1G的速度比作滑板车，那么2G就好比骑自行车，3G就是坐汽车，4G相当于坐飞机，而5G则是乘坐火箭。通信技术进化进程就是1G到5G的变迁过程。

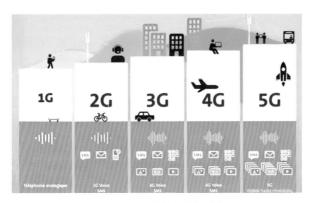

图2-15　通信技术进化进程

但是相较于传统的技术，5G的优势不仅仅在于更快的速度，同时具有超高可靠超低时延通信、大规模机器类通信和增强型移动宽带通信的特点，可以全面提升传统行业的运营效率和决策智能化水平。

（1）超高可靠超低时延通信。相较于 4G，5G 可以提供更高的可靠性和更低的时延。由于该特点，5G 可以应用于配电自动化领域，实现配网毫秒级精准负荷控制、主动配电网差动保护等。

（2）大规模机器类通信。5G 技术可以满足更多传感器的接入，可以广泛应用于信息采集类业务。因此，在电力行业，可以应用于低压用电信息采集、智能汽车充电站（桩）、分布式电源接入等领域。

（3）增强型移动宽带通信。4G 的发展使得移动互联网视频迎来了热潮，带动了各类视频应用的爆发式增长。而 5G 的增强型移动宽带特性，则进一步提升了用户在移动网络中的视觉体验，推动了增强现实（AR）技术的应用发展。因此，可以广泛用于输变电线路的状态监控、无人机远程巡检、变电站机器人巡检以及 AR 远程监护等工作业务中。

据估算，到 2026 年，5G 将为全球十个主要产业带来 1.3 万亿美元的数字化市场规模，其中能源公用事业（水、电、燃气等）占比达到 19%，市场规模约 2 500 亿美元。5G 通信的发展无疑会给电力行业带来深远的影响，并产生巨大的经济价值。接下来将对 5G 在电力行业的一些具体的应用场景进行举例。

（一）配网自动化

可再生能源在电网的渗透率逐年增加，良好的配网自动化系统可以保障可再生能源的消纳，在降低电网运维成本的同时，提高了电网的运行可靠性。因此，电网发展对配网自动化系统提出了很高的要求，而 5G 可以为系统提供超低时延的通信网络支撑，可以为供应商提供专用网络切片，从而增强数据的安全性，降低时延，对异常响应进行实时分析，从而实现更快速准确的电网控制。图 2–16

所示为 5G 在馈线自动化系统的应用场景示意图。

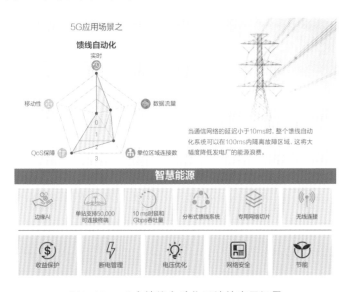

图2-16　5G在馈线自动化系统的应用场景

　　目前，国网公司对供电可靠性提出了99.999%的目标，而传统集中式供电系统对于故障的发现和处理都需要较长时间，无法达到这一目标。而分布式配网自动化系统可以快速响应中断并进行故障定位和隔离。上海浦东基于光纤应用智能分布式配网自动化系统进行试验，就成功地将相应区域的供电可靠性从99.99%提高到了99.999%，但受限于光纤通信成本较高，还无法实际应用于生产。但随着5G通信技术的不断发展和应用，分布式配网自动化系统的推广应用将成为可能。

（二）无人机电力巡检

　　前面章节已经提到，无人机在输电线路巡检中已有较为广泛的应用。但是，使用配备激光雷达（LiDAR）技术和热成像技术的无人机在巡检时会产生大量的实时数据，大约需要超过 200 Mbps 的传输带宽，这么大规模的数据交换对传统的 4G 网络来说显得很吃力。而 5G 技术的应用不仅可以解决数据传输的问题，还可以改善无人机的现有运行模式，提升无人机管理的自动化、智能化水平。结合人工智能自主巡检技术来代替传统的人工操纵无人机的模式，可实现故障的快速定位，以便运行人员可以迅速采取故障隔离措施。

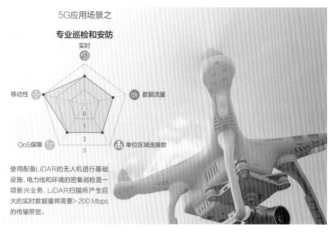

图2-17　5G应用场景之专业巡检与安防

传统的无人机电力巡检存在视距限制、电磁干扰、信息延时、数据处理受限等问题，而基于 5G 网联的无人机系统电力巡检可以实现实时数据的回传、超视距广域飞行、远程操控、常态化自动巡检、通过数据分析实时预警等功能，可以应用于输电（输电通道巡检、应急灾害巡检、施工验收等）、配电（配电杆塔巡检、变压器台架巡检等）、变电（变电站环境巡检、变电站建设期监控巡检等）以及发电（风力、光伏发电等）等各环节的电力巡检场景中。

5G 技术的发展可以有效承载电力业务，为智能电网的"数字化"转型提供强有力的支撑。

六、区块链技术——"人人都是小会计"

区块链是随着比特币等数字加密货币的日益普及，而逐渐兴起的一种全新的去中心化基础架构与分布式计算范式。我们用一个简单的比喻来更直观地理解区块链。比如，家里有个账本，由爸爸来负责记录收入支出明细。爸爸有时候可能会偷偷拿出零花钱去喝个小酒，账本上的记录可能会少几十块。但是利用区块链后，账本由全家一起管理，大家都充当会计师，清楚知晓每一笔账，这样就不存在偷偷使用零花钱的事情了。因此，简单来说，区块链其实就是一个去中心化的分布式账本数据库。接下来将具体介绍区块链这一技术的特点以及在能源电力行业的应用。

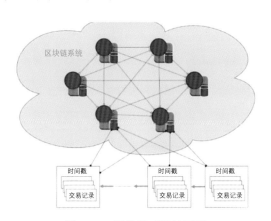

图2-18　区块链系统简示图

（一）区块链技术的特点

区块链主要有去中心化、信息不可篡改、高度开放透明以及可溯源的特点：

（1）去中心化。

由于区块链使用分布式存储和公开透明的算法，因此不需要第三方中心化的平台，可以不依靠单一组织进行信任构建，每一方的权利和义务都是相等的，也就是说，每个组织的重要性都基本相同。

（2）信息不可篡改。

中心化记账虽然效率较高，但可以被修改，比如银行的记录可能会被修改而导致违规违法事件的发生。而对于区块链，一旦信息通过审核被添加到区块链中记录下来，就会被永久性存储，不可篡改。信息数据由所有参与方共同参与记录，每一方都拥有整个数据库的完整备份。

（3）高度开放透明。

区块链交易系统是公开的，除交易方的私有信息会被加密外，其他区块链数据都是对外公开的，任何人都可以通过公开的接口查询区块链数据和开发相关应用，整个系统高度开放透明。

（4）可溯源。

区块链数据交换记录是所有参与者认可的、透明的、可追溯的，因此对数据的交换、共享都有迹可循。

区块链所具有的公开透明、可追溯、防篡改、去中心化的特性，是驱动行业技术创新和产业变革的重要技术力量。电力行业具有参与主体多、业务流程长、分布区域广等特点，因此存在交易风险突出、信用传递困难、数据孤岛严重等特点。区块链的推广应用可以在电力行业产生深远的影响。

（二）区块链技术在能源电力行业的应用场景归纳

根据国网区块链科技公司发布的区块链技术应用场景，区块链在能源电力行业的应用场景大致可分为以下十类：

图2-19 区块链在能源电力行业的应用场景

（1）电力交易。

通过融合区块链共识机制、智能合约技术、点对点交易，可以解决电力交易双方信息不对称的问题，从而解决信任危机，打造公平公开的市场化交易环境，实现市场交易效率的最大化。由于电力市场的兴起，区块链在电力市场的应用更显得尤为重要。

（2）新能源云。

与传统能源相比，新能源具有主体多元化、产业链条长等特点，应用区块链技术打造的新能源平台可以有效打破信息壁垒，提高新能源业务的办理效率。目前在多个省市已开展国网新能源平台试点工作。

（3）优质服务。

国网企业的核心使命便是给用户提供优质的服务，因此通过利用区块链，构建多方参与、安全互信的多主体协同机制显得尤为重要，这充分践行了"人民电业为人民"的企业宗旨。

（4）综合能源。

综合能源具有业务类型多、办理周期长、交易信息复杂等特点，而基于区块链的综合能源服务可以覆盖整个电力环节，优化了业务流程，可提升业务办理效率20%以上，并且可提高能源利用效率。

（5）物资采购。

基于区块链的物资采购可以解决多主体交易信息不对称的问题，对采购流程各环节状态进行实时把控，从而掌控设备的全生命周期状态，推动现代智慧供应链体系的建设。

（6）智慧财务。

基于区块链的智慧财务可以避免财务数据造假和重复报销的问题，优化了财务流程，保障了资金安全，提升了财务管理工作的效率。

（7）智慧法律。

基于区块链的智慧法律可以防止电子票据篡改、伪证、消亡等问题的发生，为泛在电力物联网建设中的数字资产权益提供法律保障，有效防范法律风险。

（8）数据共享。

数据共享的两大痛点就是泄露风险高、数据价值转化低，而利用区块链技术可以创建可信共享数据账本，防篡改、达共享，提升数据价值的转化水平。

（9）安全生产。

基于区块链的安全生产可以实现更加实时精准的安全隐患监督和排查，确保安全时间可追溯、可监测，推动新型电力系统安全管理体系的进一步完善。

（10）金融科技。

金融服务作为区块链最早的应用领域（比特币），是典型的多利益主体业务。基于区块链的金融科技可以打造更可靠的金融风控体系，优化营商环境，推动构建可信高效健全的金融市场机制。

　　针对上述应用场景，能源交易平台具有非常广阔的应用前景，因此接下来将针对电力交易这一具体应用场景进行举例说明。

　　随着区块链技术的发展和应用以及电力市场的兴起，人们开始探索通过区块链进行电力交易。图 2-20 所示为基于区块链的分布式能源交易技术框架。基于区块链的电力交易平台在各省都在积极试点中，例如，在国网陕西省电力有限公司开展基于区块链的电力交易平台试点工作，服务各类交易主体 2 000 余家，参与双边协商交易 600 余家，承担了分布式电力交易市场中近 80% 的交易量，有效提高了工作效率，降低了时间和人工成本，且有效提高了能源利用率。

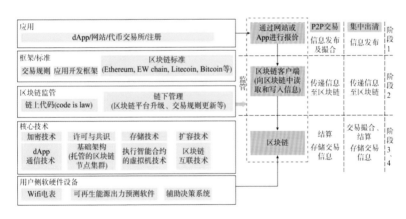

图2-20　基于区块链的分布式能源交易技术框架

　　此外，区块链也被用来支撑绿色交易。2023 年 1 月，由国家电网有限公司开展的"区块链支撑绿色电力交易"获评 2022 年度碳达峰碳中和行动典型案例一等奖。该案例针对绿色交易不能溯源、不同企业之间交互困难、监管过程难度大等问题，依托能源区块链公共服务平台——"国网链"，生成了可溯源、可查证的"绿色电力消费凭证",使绿色电力交易全过程溯源可查、可信、可验。截至 2023 年初,该平台已支撑 25 个省市 1.2 万余家市场主体开展绿色电力交易,交易电量达到 380 亿 kW·h,核发基于区块链的绿色电力消费证明 1.2 万余张,划转绿证 1 340 余万张。

第三章　智能电网生活

智能电网给人们生活带来了什么呢？

一、可靠供电——更强大的"免疫力"

　　随着我国电网的快速发展，配网的规模也在不断扩大，用户对于供电网络的安全性与可靠性的要求不断提高，因此需要强化电网的"免疫力"，提高电网的自愈能力和恢复能力，增强电网对故障的抵抗力，实现可靠供电。可靠的电力能源供给可从两个方面实现：一是建设配电自动化系统，优化电网网架结构，打造坚强电网，从硬件基础设施层面上减少故障率；二是依托先进技术实施快速抢修，减少故障抢修时间，从而更快地恢复用电，同时提供更优质的服务，提升用户的用电体验。

（一）保供电——配电自动化系统

1.配电自动化概念

　　配电自动化是实现传统电网到智能电网的升级、建设、改造的必备阶段。

　　传统电网是一个刚性系统，电源的接入与退出、电能量的传输等都缺乏弹性，致使电网没有动态柔性及可组性；垂直的多级控制机制反应迟缓，无法构建实时、可配置、可重组的系统；系统自愈、自恢复能力完全依赖于实体冗余；对客户的服务简单、信息单向；系统内部存在多个信息孤岛，缺乏信息共享。虽然局部的自动化程度在不断提高，但信息的不完善和共享能力的薄弱，使得系统中多个自动化系统是割裂的、局部的、孤立的，不能构成一个实时的有机统一整体，所以整个电网的智能化程度较低。

　　智能电网是传统电网的未来形态，它可拓展对电网全景信息（完整的、正确的、具有精确时间断面的、标准化的电力流信息和业务流信息等）的获取能力，以坚强、可靠、通畅的实体电网架构和信息交互平台为基础，以服务生产全过程为需求，整合系统各种实时生产和运营信息，通过加强对电网业务流实时动态的分析、诊断和优化，构建结构扁平化、功能模块化、系统组态化的柔性体系架构，通过集中与分散相结合、灵活变换网络结构、智能重组系统架构、配置最佳系统效能、优化电网服务质量，实现与传统电网截然不同的电网构成理念和体系。配电自动化可为电网运行和管理人员提供更为全面、完整和精细的电网运营状态图，并给出相应的辅助决策支持，以及控制实施方案和应对预案，最大程度地实现更为精细、准确、及时、绩优的电网运行和管理。

在传统电网迈向智能电网的过程中，配电自动化是第一步。配电网是作为电力系统的末端直接与用户相连起分配电能作用的网络，包括 0.4 ～ 110 kV 各电压等级的电网。目前，配电自动化系统建设主要针对中压配电网（一般指 10 kV 或 20 kV 电压等级的电网）。中国电机工程学会城市供电专业委员会在《配电系统自动化规划设计导则》中对配电自动化作了定义：配电自动化是利用现代计算机技术、自动控制技术、数据通信、数据存储、信息管理技术，将配电网的实时运行、电网结构、设备、用户以及地理图形等信息进行集成，构成完整的自动化系统，实现配电网运行监控及管理的自动化、信息化。

2. 配电自动化系统的构成及功能

1）配电自动化系统的构成

一个典型的配电自动化系统组成结构如图 3-1 所示。

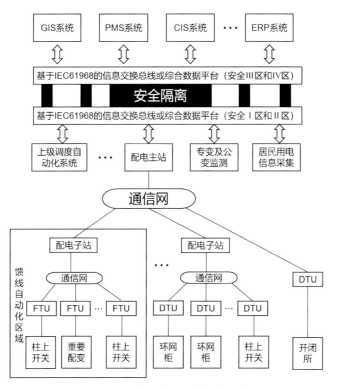

图3-1 配电自动化系统组成结构

（1）配电自动化的大脑——配电主站。

配电主站全称为配电自动化主站系统，是整个配电自动化系统的核心部分，负责统筹、采集、处理配电网运行的实时数据，监测配电网运行状态，快速响应配电网故障。此外，还可以添加配电网分析、计算与决策应用等扩展功能，并与其他应用系统（如95598系统）进行信息交互，为配网调度指挥和生产管理提供技术支撑。

A.配电自动化主站系统的结构。

配电自动化主站系统主要由计算机硬件与系统软件组成。

计算机硬件主要包括存储设备、网络设备（交换机、路由器等）、安全防护设备、服务器和工作站。其中，存储设备和服务器用于存放海量的实时数据、历史数据等信息，实现主站可记忆，强化了配电自动化系统的记忆能力。网络设备通过通信技术、网络技术、现代电子技术实现主站可采集、可监测、可交互，强化了配电自动化系统的观察能力、交流能力。安全防护设备保障主站安全稳定地运行。

系统软件按功能可分为操作系统、支撑平台和应用软件。操作系统是整个软件系统的基础。支撑平台包括系统数据总线和平台多项基本服务。应用软件包括SCADA（配电监控和数据采集）等基本功能以及配电网分析应用、智能化应用等扩展功能，支持通过信息交互总线实现与其他相关系统的信息交互。配电站通过信息交互总线与外部系统连接，从而完成配电主站的各项功能。

B. 配电自动化主站系统的功能。

主站系统的功能可以分为公共平台服务、配电监控和数据采集（SCADA）、馈线故障处理、配电网分析应用（也称高级应用）和智能化功能。

a. 公共平台服务。

公共平台服务是指建立在计算机操作系统基础之上的基本平台服务模块，包括数据库管理、数据备份与恢复、多态多应用服务、权限管理、告警服务、报表管理、人机界面、系统运行状态管理、系统配置管理、Web发布、系统互联等功能。

b. 配电监控和数据采集（SCADA）。

SCADA通过人机交互，实现配电网的运行监视和远方控制，为配电网的生产指挥和调度提供服务，一般包括数据采集、数据处理、数据记录、操作与控制、网络拓扑着色、事故/历史断面回放、信息分流及分区、授时和时间同步、打印等功能。

c.馈线故障处理。

馈线故障处理是指与配电终端/子站配合，实现故障的快速定位、自动隔离和非故障区域的自动恢复供电。

d.配电网分析应用。

配电网分析应用是指配电网络拓扑分析、状态估计、潮流计算、合环分析、负荷转供、负荷预测、网络重构等功能。

e.智能化功能。

智能化功能是指配电网的自愈（快速仿真、预警分析），包括网络重构、配电网运行与操作仿真、配电网调度运行支持应用、分布式电源/储能接入、配电网经济运行等功能。

上述功能又可以分为基本功能和扩展功能，其中基本功能是配电自动化系统建设时必须实现的功能，如SCADA、馈线自动化与调度自动化、系统互联等；而扩展功能则根据需要选择实现，如配电网分析应用及智能化功能。

（2）主站分身——配电子站。

配电子站全称为配电自动化子站系统。它是主站和配网一次设备之间的中间层，上连配电主站，下接配电终端设备，可优化系统结构和层次、提高信息传输效率、方便通信系统组网。配电自动化子站一般设置在通信和运行条件满足要求的变电站或大型开关站内，其结构相对简单。按功能划分为通信汇集型子站和监控功能型子站。其中，通信汇集型子站的功能主要包括：终端数据的汇集、处理与转发，远程通信，终端的通信异常监视与上报，远程维护和自诊断。监控功能型子站除具备通信汇集型子站的功能外，还具有在所辖区域内的配电线路发生故障时，故障区域自动判断、隔离及非故障区域恢复供电的能力，并将处理情况上传至配电主站，具有信息存储和人机交互等功能。

（3）配电自动化的四肢——配电自动化终端。

正如我们需要通过四肢来操控、感知外界，配电自动化系统想具备操控和感知能力也需要"手脚"，即配电自动化终端设备。配电自动化终端是安装在 10 kV 及以上配电网的各种远方监控、控制单元的总称，可与配电自动化主站通信，提供配电系统运行管理及控制所需的数据信息，并执行主站发出的对配电设备的控制、调节命令。

按照安装位置的不同可分为馈线终端（FTU）、站所终端（DTU）、配电变压器远方终端（TTU）等。其中，馈线终端（FTU）、站所终端（DTU）当之无愧为配电自动化系统的左膀右臂，一手掌控馈电线路，一手操纵负荷设备。

A. 馈线终端（FTU）。

馈线终端（FTU）安装在配电网馈线回路的柱上开关和开关柜等处，它可作为主站的眼睛观察、采集、运算线路的运行参数，包括电压、电流、有功、无功等电气量和负荷潮流等。当线路发生故障时，通常会出现大幅度的暂态电流波动，FTU 恰好可以提供较大的电流动态输入范围，因此它也可以采集并记录故障信息。

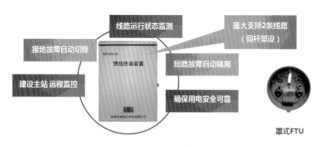

图3-2　FTU（图片来自立潮电力）

FTU 所能看见的不只线路，它还能观测线路保护系统，包括收集线路上保护动作的情况、开关状态、储能情况等重要信息。此外，

FTU 还可以控制开关分合闸、启动储能过程等，可控制线路的投入、切除。

通过 FTU 和主站的配合，可以实现馈线自动化。当线路发生故障时，线路上的电压、电流、功率等电气量均发生明显的变化，这些变化通过 FTU 实时地反馈给配电主站，实现了主站对线路运行状态的有效感知。主站通过对数据的分析和处理，通过算法判断出线路发生故障，并确定出故障区段和最佳的供电恢复方案，最后形成一系列指令下发给 FTU，通过 FTU 遥控开关的分合闸从而切除隔离故障区段，恢复非故障区段供电。

B. 站所终端（DTU）。

站所终端（DTU）通常安装在配电网负荷侧的环网柜、开闭所等处。其功能和 FTU 基本相似，可采集线路运行数据、开关状态等信息并上传至主站，同时接受主站指令控制开关的分合闸。

环网柜和开闭所是连接电网和负荷的枢纽，目的是提高供电可靠性、灵活性以及安全性。二者都是由许多开关柜组成的，都属于将电力分配到负荷的一类供配电设施。其中，开闭所相当于变电站母线的延伸，可用于解决变电站进出线间隔有限或进出线走廊受限等问题，并在区域中起到电源支撑的作用。环网柜就是每个配电支路的出线开关柜，环网柜的母线同时就是环形干线的

图3-3　开闭所

图3-4　环网柜

一部分，即环形干线是由每台出线开关柜的母线连接起来共同组成的。二者的位置也有所不同，开闭所是变电站的下一级，也就是说，开闭所更靠近变压器，而环网柜更靠近负载。

安装在环网柜的称为环网柜DTU。由于环网柜通常具有两路进线、多路出线，因此环网柜DTU至少需要监控4条线路，且环网柜内有多个高压开关，这些线路的运行参数以及开关状态、储能情况等信息的采集对环网柜DTU的输入/输出回路容量和数据存储容量提出较高要求。而环网柜本身的空间很小，在一个环网柜内同时安装多个终端单元的方法是不可取的。实际上一般采用柜式结构，多个带CPU（中央处理器）的站所终端单元板插到机柜的插槽中，采用CAN总线方式实现互联。

开闭所DTU相较于环网柜DTU所要监控的开关和线路的数量更多，因此对模拟量输入、开关量输入以及控制量/数字量输出的容量要求更大。相对于环网柜，开闭所空间更大，其对DTU体积大小的要求不是很严格，因此可以同时安装多个监控单元，每个单元分别监视一条或几条馈线，各单元间通过通信网络互联实现数据

图3-5　DTU

转发和共享。这种方案的优点在于系统可以分散安装，各监控单元功能独立，接线相对简单，便于系统扩充和运行维护。

C.配电变压器远方终端（TTU）。

配电变压器远方终端（TTU）并不像户外安装的FTU和DTU那样需要提供一整套设备以独立安装在电线杆上或环网柜内，而是一般直接安装在电容器补偿柜上或与其他电能表一起安装在控制柜上。配电变压器远方终端，是提高配电网安全和经济运行的有力工具。

TTU能实时监测配电变压器的运行数据，包括电压、电流、零序电压、零序电流、有功功率、无功功率、频率等，并根据采集的数据分析、计算谐波分量和三相不平衡度，一旦通过数据分析发现变压器发生越限、断相、失压、三相不平衡等情况，TTU可及时告警并上传主站系统。

除上述功能外，TTU还特有无功补偿的功能。在配电自动化系统中，配电变压器有着重要地位，它既是配电网的终端，又是用户的最前端，起着承上启下的作用。TTU作为针对配电变压器研制的

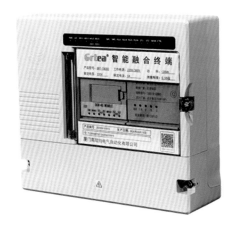

图3-6 TTU

自动化装置，具备连接无功补偿设备的投切触头和通信接口，可对无功补偿设备进行控制，可随时接收主站下发的命令进行无功补偿投切。

TTU不需要像FTU那样进行实时数据采集和计算以快速识别馈线故障并进行故障隔离，因此其对电气量处理的实时性要求比FTU要低。由于TTU直接安装在负荷点上，为了提供较详尽的谐波信息以便于电能质量的管理，TTU设计的重点是能够定时高速采样，并将采样所得数据放入缓冲器中以便CPU离线计算。

（4）配电自动化的神经——配电自动化通信系统。

通信系统连接主站和终端，它是数据传输的信息高速公路，也是整个系统的神经网络，可将终端感知、采集的数据上传到主站，也可将主站的指令传达给终端。

A. 需要什么样的通信系统。

通信系统是配电自动化系统基础设施重要的一环，若想让配电自动化系统达到一定的自动化水平，通信系统必须满足一些方面的要求：通信速率、可靠性、灵活性等。

a. 通信速率。

通信系统的通信速率和它的带宽有关，带宽越窄，通信速率越低。

系统各处对通信速率的要求是否一样呢？在配电自动化系统中，功能越复杂（如馈线自动化系统）、数据量越大（如主干线）对通信速率的要求越高。通常 600 bit/s 或以上的通信速率就能够满足配电自动化的大部分功能要求，而对于诸如"一遥"（指遥信）数据这样的功能，甚至低于 300 bit/s 的通信速率也能满足要求。

通信速率是否越高越好呢？通信速率越高，对设备的要求也越高，投资花费就越大。在实际选择通信速率时，应当先估算配电自动化系统所需的通信速率，留有足够的裕度以便应对最坏的情形和今后发展的需要。

b. 可靠性。

通信系统会遇到哪些极端情况呢？故障停电、户外极端气候及电磁干扰等。

要满足配电网调度自动化、故障区段隔离及恢复正常区域供电的能力，通信系统需要在停电的区域仍能保持正常运行。因此，必须考虑故障或断线对通信方式的影响，另一个必须考虑的问题是在停电区域中远方通信终端设备（如 FTU、DTU 等）的供电问题，应当为它们提供后备电源或其他供电手段（如蓄电池等）。

配电自动化通信系统中许多设备是在户外安装的，这意味着通信系统要经受长期不利的气候条件的考验，如大雪、冰雹、大风和雷雨等。此外，长时间暴露在强烈的阳光下会加速一些材料的老化。因此，配电自动化通信系统必须设计为在常规维护下就可以在上述恶劣情况中工作的系统。

配电自动化通信系统在较强烈干扰下工作会对通信的可靠性产

生很大的影响。电磁干扰有可能以射频的形式（如产生间隙放电、电晕等的电磁干扰）出现，也会以工频的形式（如产生于变压器、谐波干扰等的电磁干扰）出现。雷电和故障以及涌流还会造成瞬时的极强烈的电磁干扰，因此在雷电、故障多发区域，就必须要让通信系统具备抵抗雷电和故障造成的瞬时的极强烈的电磁干扰的能力。

　　c.灵活性。

　　通信系统从两方面体现自身的灵活性：一是操作和维护方便，二是可拓展。

　　配电自动化通信系统往往规模较大，而且不同的场景适用的通信方式也不一样。因此，通信设备在设计和生产时，须采用同一标准和规范，从而尽可能地简化复杂通信系统的使用与维护。选择标准的通信设备和通信协议不仅能够提高系统的兼容性，也有助于降低使用与维护的费用。

　　随着配电网的发展，其规模势必不断扩大，终端设备数量也增加更多。随着配电自动化系统自动化程度的提高，系统的功能也将不断地增加和升级。这就要求通信系统具备一定的扩展能力，能满足配电网发展的要求。

　　此外，终端设备和通信系统还须具备双向通信的能力以满足各类自动化功能。例如：对于故障隔离和恢复正常区域供电的功能，必须能够向控制中心上报故障信息以便确定故障区段，同时控制中心能够向远方设备发布控制命令以隔离故障区段和恢复正常区域供电。

　　B.靠哪些技术来实现。

　　配电自动化系统的通信网的规划与建设原则是：区域分层集结、分区管理及集中组织。配电自动化系统的典型结构将整个系统划分为终端设备、配电子站、配电主站三层，由此引出两个层面的通信需求。第一层是配电主站与配电子站之间的通信，其通信通道为骨干层通信网络，原则上应采用光纤传输网；第二层是配电终端与配电子站之间的通信，由于配电终端具有数量多、分布广、环境复杂等特点，单一的通信技术很难满足需要，通常采用多种方式相结合实现。

通信系统采用的通信技术可分为有线通信技术和无线通信技术，其中有线通信技术包含光纤通信和电力线载波通信。

a. 光纤通信。

光纤通信是以光波作为信息载体，以光导纤维作为传输介质进行数据传输的通信手段。与其他通信技术相比，光纤通信在数据传输过程中具有损耗小、抗干扰强以及通信容量大的特点，且采用光纤通信可以实现灵活的组网方式。具体优点包括：传输频带宽，通信容量大；传输损耗小，适合长距离传输；体积小，可绕性强，铺设方便；抗电磁干扰性强；保密性好；抗腐蚀，抗酸碱，光缆可直埋地下等。同时，光纤通信存在一些缺点：强度差、连接相对困难、分路和耦合不方便、弯曲半径不宜太小。

在配电自动化系统中，主站与子站、子站与终端的通信均可使用光纤通信技术。

b. 电力线载波通信。

电力线载波（power line carrier，PLC）通信是利用电力线路作为信息传输媒介进行数据传输的一种特殊通信方式。电力线载波通信将信息调制在高频载波信号上，通过已建成的电力线路进行传输。这种通信方式可以沿着电力线路传输到电力系统的各个环节而不必架设专用线路。

电力线载波通信相较于其他配电自动化通信技术具有便于管理

的特点，其可以完全为电力公司所控制，沟通电力公司所关心的任何测控点。但电力线载波通信系统的数据传输速率较低，容易受到干扰、非线性失真和信道间交叉调制的影响。

c. 无线通信。

无线通信技术是一种利用电磁波信号来实现信息交换的通信方式，其主要应用了电磁波能够在空间中进行自由传播的特点。在配电自动化系统中应用无线通信技术，具有安装方便、成本低、抗自然灾害能力强等特点，可以较好地弥补光纤通信施工困难、易受外力破坏、站点布局调整难等不足，是对光纤通信的补充，有利于提高配网通信系统的可靠性。

无线通信技术按照网络性质分为无线公网和无线专网。无线公网对用户的数量没有限制，用户使用公网时不需要建网维护，具有建设周期短、网络成本低等优点，但是电力系统和公众用户共用网络，缺乏有效的安全保障。而无线专网具有容量大、安全、建设方式简单、实施周期短、见效快等优点，由于专网专用，其业务质量、带宽保证、安全隔离和覆盖范围能够完全满足配电自动化的业务需求。

2）配电自动化系统的功能

配电自动化系统通过硬件和软件的建设，提升了配网的自动化水平，让配电网更加智能，实现了可感知、可控制、可保护、可拓展等功能。

（1）可感知。

配电自动化系统可通过配电终端（FTU、DTU 等）采集配电网上的状态量（如开关位置、保护动作情况等）、模拟量（如电压、电流、功率等）和电能量等运行数据，有效感知配电网的运行状态。

（2）可控制。

在需要的时候，主站可发送指令到终端设备，实现远方控制开关的合闸或跳闸以及电容器的投入或切除，以达到补偿无功、均衡负荷、提高电压质量的目的。

（3）可保护。

主站可通过感知功能感知线路的运行状态。当线路发生故障时，主站可及时得到反馈，并分析计算出故障区段和最佳的供电恢复方案，最后通过控制功能遥控开关的分合闸从而切除隔离故障区段，恢复非故障区段供电。

（4）可拓展。

通过部署通用信息交互总线而使系统得以与企业其他系统之间形成互动结构。通过信息交互集成总线（如 IEB）将企业中与配电相关的其他业务系统实现互连，如与生产管理系统（PMS）、配电 GIS 和调度管理系统（OMS）等业务系统交互，整合多源配电信息、外延业务流程、扩展和丰富配电自动化的应用功能，全面支持配电调控、生产抢修、运维管理、用电营销、规划发展等业务管理，同时也为供电企业的安全和经济指标综合分析以及辅助决策服务。

3. 实现配电自动化的意义

配电自动化系统由于采用了各种配电终端，当配电网发生故障或运行异常时，能迅速隔离故障区段，并及时恢复非故障区段用户的供电，减小了停电面积，缩短了用户的停电时间，提高了配电网运行的可靠性，减轻了运行人员的劳动强度，减少了维护费用；由于实现了负荷监控与管理，可以合理控制用电负荷，从而提高了设备的利用率；采用自动抄表计费，可以保证抄表计费的及时和准确，提高了企业的经济效益和工作效率，并可为用户提供用电信息服务。

1）提高供电可靠性

（1）缩小故障影响范围。

配电自动化技术的应用能够显著增强电能质量与供电的可靠

性。通常来讲，给用户停止供电主要是由于设备故障或线路检修。一般的配电网络由其接线方式的限制，其防止故障的性能比较弱，因而如出现故障就会需要对整个线路停电，使得其影响到线路未发生故障的区域。而具有自动化能力的配电网能够精确地控制故障隔离设备，及时隔离故障区段，减少故障的影响范围。

（2）缩短事故处理所需的时间。

实现配电自动化能提高供电可靠性的另一个体现是缩短事故处理所需的时间。下面以某电力公司在应用配电自动化系统前后，对配电系统事故处理所需时间的比较统计结果为例来说明。

配电站变压器组出现事故时，自动操作需要 5 min，人工操作需要 30 min；改由其他变压器组和配电站恢复送电操作，由配电自动化系统完成需要 15 min，而采用人工操作则需要 120 min。配电站发生全站停电时，由配电自动化系统完成全部配电线路负荷转移需要 15 min，采用人工就地操作需要 150 min。配电线路出现事故时，由配电自动化系统控制向非故障区段恢复送电的时间平均为 3 min，而采用人工操作则需要 55 min；故障发生至处理完故障，系统恢复正常运行，通过配电自动化系统一般需要 60 min，而人工操作则需要 90 min。

2）提高供电经济性

目前，可以通过多种方法来降低配电网的线损，如配电网络重构、安装补偿电容器、提高配电网的电压等级和更换导线等。其中，提高配电网的电压等级需要进行综合考虑，更换导线和安装补偿电容器则需要投资。配电自动化使用户实时遥控配电网开关进行网络重构和电容器投切管理成为可能，通过配电网络重构和电容器投切管理，在不显著增加投资的前提下，可以达到改善电网运行方式和降低网损的目的。配电网络重构的实质就是通过优化现存的网络结构，改善配电系统的潮流分布，理想情况是达到最优潮流分布，使配电系统的网损最小。当然，通过配电自动化实现电力用户用电信息采集，可以杜绝人工抄表导致的不客观和漏抄，显著降低管理线损，并能及时察觉窃电行为，减少损失。

3）提高供电能力

配电网一般是按满足峰值负荷的要求来设计的。配电网的每条馈线均有不同类型的负荷，如商业类、民用类和工业类等负荷。这些负荷的日负荷曲线不同，在变电站的变压器及每条馈线上峰值负荷出现的时间也是不同的，导致实际配电网的负荷分布是不均衡的，有时甚至是极不均衡的，这降低了配电线路和设备的利用率，同时也导致线损较高。通过配电网优化控制，可以将重负荷甚至是过负荷馈线的部分负荷转移到轻负荷馈线上，这种转移有效地提高了馈线的负荷率，增强了配电网的供电能力。

配电网的某些线路有时会发生过负荷。为了确保供电安全，传统的处理办法是再建设一条线路，将负荷分解到两条线路上运行。但是实际上过负荷往往只发生在一年中的个别时期内，因此上述做法很不经济。在合理的网架结构下，通过配电自动化实现技术移荷与负荷管理即可消除过负荷。

4）降低劳动强度，提高管理水平和服务质量

配电自动化还能实现在人力尽量少介入的情况下，完成大量的重复性工作，这些工作包括查抄用户电能表、监视记录变压器运行工况、监测配电站的负荷、记录断路器分合状态、投入或退出无功补偿电容器等。通过配电自动化，不必登杆操作，在配电主站就可以控制柱上开关，实现配电站和开闭所无人值班；借助于人工智能代替人的经验做出更科学的决策；实现报表、曲线、操作记录等自动存档；进行数据统计和处理；建立配电网地理信息系统等。这些

手段无疑降低了劳动强度，提高了管理水平和服务质量。

（二）优服务——快速抢修

1. 到达现场时间要求

国家电网有限公司供电服务"十项承诺"规定，接到报修电话后，故障抢修人员到达故障现场的时限：城区 45 min、农村 90 min、特殊边远地区 2 h。

国家电网有限公司供电服务"十项承诺"
（修订版）

第一条　电力供应安全可靠。 城市电网平均供电可靠率达到99.9%，居民客户端平均电压合格率达到98.5%；农村电网平均供电可靠率达到99.8%，居民客户端平均电压合格率达到97.5%；特殊边远地区电网平均供电可靠率和居民客户端平均电压合格率符合国家有关监管要求。

第二条　停电限电及时告知。 供电设施计划检修停电，提前通知用户或进行公告。临时检修停电，提前通知重要用户。故障停电，及时发布信息。当电力供应不足，不能保证连续供电时，严格按照政府批准的有序用电方案实施错避峰、停限电。

第三条　快速抢修及时复电。 提供24小时电力故障报修服务，供电抢修人员到达现场的平均时间一般为：城区范围45分钟，农村地区90分钟，特殊边远地区2小时。到达现场后恢复供电平均时间一般为：城区范围3小时，农村地区4小时。

第四条　价费政策公开透明。 严格执行价格主管部门制定的电价和收费政策，及时在供电营业场所、网上国网App（微信公众号）、"95598"网站等渠道公开电价、收费标准和服务程序。

第五条　渠道服务丰富便捷。 通过供电营业场所、"95598"电话（网站）、网上国网App（微信公众号）等渠道，提供咨询、办电、交费、报修、节能、电动汽车、新能源并网等服务，实现线上一网通办、线下一站式服务。

第六条　获得电力快捷高效。 低压客户平均接电时间：居民客户5个工作日、非居民客户15个工作日。高压客户供电方案答复期限：单电源供电10个工作日，双电源供电20个工作日。高压客户装表接电期限：受电工程检验合格并办结相关手续后3个工作日。

第七条　电表异常快速响应。 受理客户计费电能表校验申请后，5个工作日内出具检测结果。客户提出电表数据异常后，5个工作日内核实并答复。

第八条　电费服务温馨便利。 通过短信、线上渠道信息推送等方式，告知客户电费发生及余额变化情况，提醒客户及时交费；通过邮箱订阅、线上渠道下载等方式，为客户提供电子发票、电子账单，推进客户电费交纳"一次都不跑"。

图3-7　国家电网有限公司供电服务"十项承诺"

2. 配网故障感知

传统电网时代，电力公司感知配电网故障的主要手段是定期人工巡检或客户故障报修，通过调派抢修人员进行现场故障研判和隔离，最后恢复正常供电。然而这种方法不能实现快速主动感知故障，从发生故障导致停电到发现故障源，进而恢复供电，一般需耗费的时间较久。随着配电网的加快建设，以及相关的调度系统、管理系统、用户用电采集系统等的投入运行，通过采集和分析用电、配电终端等数据，可实现对部分配网设备故障的被动感知，加快感知效率，缩短抢修人员的响应时间，从而使抢修速度更快。

3. 抢修流程

1）获取故障信息

故障信息获取：客户的报修故障信息通过国网95598下发的报修工单获取，结合营配贯通数据，获取报修用户坐标，在地图上标注出报修用户所在位置。对于未提供户号的报修用户，可根据报修用户户名、地址以及联系电话，模糊识别报修用户清单，再通过人工筛选，确定报修用户。

配网智能感知故障：配电自动化系统可主动感知上传至主站系统的数据，并结合配电、调度自动化系统、故障指示器、用电采集系统等实时获取的电网运行数据等信息，主动感知相关故障信息，准确定位表箱表计。

2）研判故障工单

已知停电判定：报修用户定位后，可以结合已知停电信息（包括计划停电、临时停电、故障停电、欠费停电信息），判断用户是否在该范围内，如在该范围内，则提示相关信息。

运行状态召测：如果当前报修用户不在已知停电范围内，则召测报修用户的电表的运行状态。如电表运行正常，则显示客户内部故障。如异常，则显示单户失电故障。如召测失败，则继续上游所属配电变压器的运行状态进行召测。如电表运行正常，则显示配电变压器低压线路发生故障；如异常，则显示单台配电变压器故障。

生成研判结果：结合运行状态召测信息，给出故障研判结果。每个研判结果的详情，都可以进行查看，包括电能表运行电压、电流，配电变压器三相电压、电流等信息。研判未知的故障，可以结合电网拓扑，分析出下游的影响设备和用户。

3）抢修派单

按照就近派单的原则，结合故障报修点与抢修队伍距离、抢修队工作负载以及抢修队伍历史服务质量等情况，将抢修工单派发给符合条件的抢修队伍。

4）现场抢修

接单：工单派发后，抢修人员使用移动终端或者手机 App 进行现场接单。现场接单后，可以将接单时间、接单人员信息反馈给供电服务中心。

到达现场：对抢修人员抵达故障现场的时间、位置以及故障图片等信息进行记录。

现场勘测：抢修人员对包括故障类型、原因、预计修复时间等在内的故障信息进行记录。在确定故障类型后，根据每个类型对应的标准化作业流程，抢修人员规范地开展抢修。

故障处理及信息反馈：对故障进行修复，抢修人员记录故障处理结果信息，包括处理后照片、抢修详情描述、故障修复时间、恢复送电时间等。

5）反馈抢修信息

任务信息后维护：故障抢修结束后，详细补充现场故障抢修情况，包括照片、实际故障设备、抢修详情描述等。抢修任务回访：

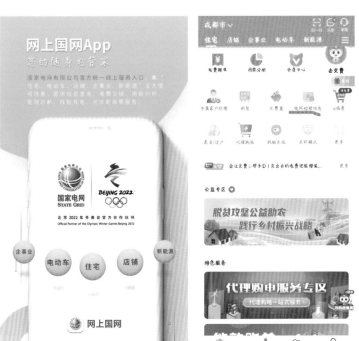

图3-8　网上国网App

供电服务中心对报修客户调查抢修满意度，记录抢修客户服务满意情况。

4. 信息发布

为打造手机端用电生态，推广线上线下结合的服务模式，提升用户用电体验，国家电网公司陆续推出了"掌上电力""网上国网"等手机终端 App，融入了支付购电、用电查询、信息订阅、在线客服等相关电力业务，适应"住宅、电动车、店铺、企事业、新能源"五大使用场景。依托电力 App 平台，电网企业可以快速地发布故障信息、抢修进度以及预计恢复时间等用户关心的信息。用户可以在手机上查看停电公告，跟踪停电工况，及时应对停电带来的不便。

二、智能计量——透明精准的用电服务

在过去，用户对于电网来说，能做的就只是按时交电费和看自己家的电表每个月走了几度电。除此以外，似乎真的没有什么能做的了。

在智能电网时代，用户将是电力系统不可分割的一部分。鼓励和促进用户参与自身运行和管理，是智能电网的一大重要特征。用户消费电力变得和交手机话费一样，可以选择性地消费。用户可以选择不同的方案来购买电能、选择用电。譬如用户可以随时查询到高峰时段电价高，那么就尽量少用；低谷时段电价便宜，就配合智能化电器定时操作或远程控制，选择在低电价的时段用电。

要实现这些功能，就需要供电公司和用户建立双向实时的通信系统（网络渠道），供电公司可以实时通知用户其电力消费的成本、实时电价、电网的状况、计划停电信息以及其他一些服务的信息等，实现透明化。与此同时，用户也可以根据这些信息制订合适的用电方案。

智能电能表是智能电网的智能终端，是居民们接触最多、居家必备的电气化设备。智能电能表除具备传统电能表基本用电量的计量功能外，为了适应智能电网和新能源的使用，还具有双向多种费率计量功能、用户端控制功能、多种数据传输模式的双向数据通信功能、防窃电功能等智能化的功能。

（一）电能表的发展历程

电能表的发展历程见图3-9。

电能表发展历程

第 1 阶段 从安时计到弗拉里表

● **1880 年** 美国人爱迪生利用电解原理制成了直流电能表（安时计）。

● **1885 年** 交流电被发现并开始应用，交流电能表应运而生。

● **1888 年** 意大利物理学家弗拉里提出利用旋转磁场的原理来测量电量。因此，交流感应式电能表又称作弗拉里表。

● **1889 年** 世界上第一块感应式电能表诞生，此表总质量为 36.5kg，没有单独的电流铁芯，电压铁芯重 6kg。

爱迪生

第 2 阶段 从感应式电能表到电子式电能表

● **1890 年** 带电流铁芯的电能表诞生。

● **进入 20 世纪** 科学家努力使感应式电能表缩小体积、改善工作性能。

● **20 世纪初** 高导磁材料出现，极大减轻了电能表的质量，并缩小了体积。每只表的质量降到 1.5~2kg。

● **20 世纪 30 年代** 电能表以铬钢、铝镍合金代替最初的钨钢，并通过降低电能表转盘转速来降低损耗，改善了电能表的负荷特性。此时，电能表寿命可达 15~30 年。至此，感应式电能表在电能计量中得到了广泛应用。

● **20 世纪 60 年代末** 发明了时分割乘法器，并提出功率测量原理，实现了全电子化电能计量装置。

中华民国时期，南京颐和路洋房使用的电能表

1949 年使用的电能表

1942 年，单相电表

1996 年，电卡电能表

第 3 阶段 进入智能电能表时代

随着时代发展，作为智能电网建设和智能用电最基础的单元，智能电能表出现，它除具有电能计量、信息交互等功能外，还支持双向计量、阶梯电价等需要，也是实现分布式电源计量、智能家居、智能小区的技术基础。

数据采集

发电公司 关口智能电能表 集中器

大用户 大用户三相智能电能表 负荷管理终端

居民用户 居民单相智能电能表 采集器

图3-9 电能表的发展历程

（二）智能电能表的介绍

1.电能表的官方认证标识

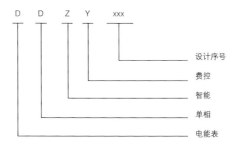 是"中华人民共和国制造计量器具许可证"标识，是英文"China Metrology Certification"的缩写。也就是说，这块电能表的生产者具备生产计量器具的资质，所生产的电能表的准确度和可靠性等指标符合要求。

GB/T 17215.311—2008 是指该电能表执行国家标准《交流电测量设备 特殊要求 第11部分：机电式有功电能表（0.5、1和2级）》。

2.电能表的"身份认证"标识

DDZY102-Z单相费控智能电能表

DDZY102-Z 是电能表型号。每个字母都有特定的含义，组合起来其实就是其后面的汉字——单相费控智能电能表。

```
D   D   Z   Y   xxx
                 └── 设计序号
             └────── 费控
         └────────── 智能
     └────────────── 单相
 └────────────────── 电能表
```

3.电子屏上显示信息

剩余金额

当前的总用电量（这块电能表自使用起到现在所计量的总电量）

上一个月的总用电量

当前电价

户号

4. 信息查询键

信息查询键

一些电能表还会自动滚动提示当前功率和当前电价，上面看到的其他信息需要通过按查询键查看。有的电能表的查询键有上下两个，有的只有一个，功能都是一样的。

5. 电能表上的小灯

电能表上的小灯有脉冲灯、跳闸灯、红外灯、报警灯、RXD小灯和TXD小灯。

（1）脉冲灯、跳闸灯、红外灯和报警灯。

脉冲灯、跳闸灯、报警灯与家庭用电有关系，见表3-1。

表3-1　脉冲灯、跳闸灯、报警灯信息

指示灯	亮	灭
脉冲灯	有负荷（在用电）	无负荷（没在用电）
跳闸灯	拉闸、跳闸、停电	合闸，正常用电
报警灯	剩余金额不足或电能表发生故障	正常

红外灯是供电公司用电能表数据采集掌机采集数据的感应接口，平时不会亮。

（2）RXD小灯和TXD小灯。

RXD小灯和TXD小灯是信息通信指示灯。RXD为接收数据，TXD为发送数据。它们用来传输信号，与计量无关。有的表上没有这两个小灯。

6. 电能表上的额定量

5 A 表示基准电流是 5 A，60 A 表示允许通过的最大电流是 60 A。也就是说，当电流在 5 ~ 60 A 的情况下，智能电能表都可以准确计量。

220 V 50 Hz 表示单相额定电压是 220 V，额定频率为交流 50 Hz，这是国家规定的居民用电额定电压和频率。

1 200 imp/kWh 表示脉冲灯闪烁 1 200 次，电能表计量到客户消耗了 1 kW·h 电。有的电表上写的是 1 600 imp/kWh，那就是客户每用 1 kW·h 电，脉冲灯闪烁 1 600 次。

（三）关于电能表谣言的解释

谣言一：智能电能表用的是客户家的电吗？

解释：智能电能表的电费由供电公司承担。

《供电营业规则》第四章第四十七条规定：供电设施的运行维护管理范围，按产权归属确定。责任分界点按下列各项确定：公用低压线路供电的，以供电接户线用户端最后支持物为分界点，支持物属供电企业。

《供电营业规则》第六章第七十四条规定：用电计量装置（含电能表、计量互感器及其二次回路，计量箱、屏 / 柜）原则上应装在供电设施的产权分界处。

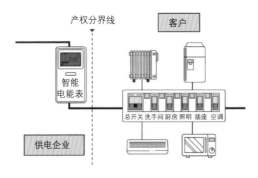

图3-10　产权分界图

也就是说，居民供电接户线用户端最后的支持物是电表箱，电能表安装在电表箱内。所以，电能表是属于供电公司的，电能表用的电也是由供电公司承担的。只有电能表出线（含表后开关，也就是总电闸）及以下的部分是属于客户的。所以，修理客户家损坏的灯泡、检查客户家中的线路，其实都是供电小哥义务服务的。

如果还是不信，可以自己回家动手做一个实验：

实验前提：家中不存在漏电。

实验经过：关闭家里电能表总闸，智能电能表上的脉冲灯不会闪，但是电能表上的数字还显示。

实验原理：脉冲灯不闪代表您家没电流通过，但电能表上依然显示数字是因为电能表还在照常工作。

所以，就算家里停电了，电能表数据也会实时更新到供电公司的远程采集系统。请放心，用电信息是不会丢失的！

谣言二：电能表是供电公司装的，肯定给调快了！

解释：这可真的错怪供电公司了。

一块智能电能表从出厂到用户家电表箱，说历经千辛万苦可能有点夸张，但是"过五关、斩六将"绝对是有的！

在电表厂，电能表要经过一校、二检和抽检3道工序。到了质检部门，工作人员首先要检查电表厂是否符合市场准入标准，之后还要对每一块表进行强制检定。在这个环节，质检部门会给电能表出厂封印并提供合格证。此外，质检部门在生产流水线和包装终端等环节，还会随机抽检。

这套严密的流程走下来，供电公司可真没本事暗箱操作！

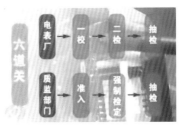

图3-11　电能表安装6道关

谣言三：我家电能表上写的5（60）A，为什么不提供正常工作电流为10 A、20 A、30 A的大电能表？

解释：电能表没有大小表之分，5 A是基本（定额）电流，60 A是允许通过的最大电流。

按照《单相智能电能表型式规范》（Q/GDW 10355—2020）、《三相智能电能表型式规范》（Q/GDW 10356—2020）等规定，电能表铭牌上注明基本电流（额定电流）和最大电流。5（60）A的意思是，5～60 A的电流对智能电能表来说都是允许的。况且，电能表容量表示正常运行时允许通过的最大电流值，与耗电量之间不存在关系。所以，没有所谓的10 A、20 A、30 A的大电能表的！

谣言四：电表上的灯闪一下一度电？

解释：一闪一闪的灯，叫脉冲灯。

智能电能表的脉冲灯闪烁，代表线路有负荷，也就是有电流通过，也可以理解为"还活着"。脉冲灯闪烁频率随用电负荷大小变化，用电负荷越大，闪烁越快。如果电能表上标注的是"1 600 imp/kWh"，说明用户家每消耗1 kW·h电，脉冲灯就会闪1 600次。同理，如果电能表上标注的是"1 200 imp/kWh"，表示每消耗1 kW·h电，脉冲灯闪烁1 200次。

谣言五：家里电器都关了，电表还在闪，肯定动了手脚！

解释：电表脉冲灯在闪说明家中有电。

但明明电器都关了，这是怎么回事？那是因为很多家用电器在待机状态下，电器和线路仍然需要消耗电能来维持启动信号接收电路。一些不被注意的电器可能还在偷偷工作，比如说稳定电源、无线电话等。

谣言六：换了智能电能表后，电费明显增加，这里面还是有猫腻！

图3-12　"偷电贼"

想想你家里是不是有这种情况？空调、手机充电器、电视、抽油烟机、微波炉、电饭煲、电脑、路由器等用完不拔插头；机顶盒看完不关机……

告诉你，你家里真正的"偷电贼"是它们！

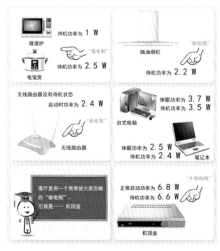

图3-13　家用电器用电图

（四）节约用电小常识

勤俭节约是中华民族弥足珍贵的"传家宝"。节约用电，不仅能帮您省下不少钱，还能提高资源利用效率，助力经济发展。省电，其实很简单。在衣食住行的方方面面，都有很多省电小技巧。

1. 洗衣机

（1）不同衣物分开洗。现在多数的洗衣机都能选择洗涤模式。小件衣物和较薄衣服，清洗时间较短。外套、棉服等较厚重的衣物清洗时间较长。将各类衣物分开洗，可以有效缩短洗衣时间，既省电又省水。

图3-14 洗衣机不同衣物分开洗

（2）巧用峰谷电。一些省份的居民用电可以开通峰谷电计费方式。如果是这种计费方式，建议在每天的用电低谷期洗衣服。如果怕忘记，可以使用洗衣机的定时功能。

2. 电冰箱

（1）要放对位置。同一台冰箱，周围温度每升高 5 ℃，就会增加 25% 的耗电量。因此，冰箱要远离暖气管等热源，避免阳光直射。

（2）要定期除霜。冰箱里的霜太厚，会产生很大的热阻，不仅影响制冷效果，而且会让冰箱更耗电。此外，有些冰箱有排水孔，如果堵上了会很耗电。定期除霜、捅一捅排水孔，有省电奇效。

（3）要学会调温。冰箱里有个可以调节档位的小旋钮，季节更替时，大家别忘了去调一下。夏季 2~3 档、春秋季 3~4 档、冬季 4~5 档。这样既省电，又有好的制冷效果。

图3-15　冰箱调档

（4）要减少开门次数和时间。记得小时候买冷饮，要是你开着冰柜门选半天，老板一定会露出心疼的表情。因为冰箱、冰柜开门时间的长短直接影响压缩机连续工作的时长和冰箱耗电量。长时间、频繁地打开冰箱门，真的很耗电！

3. 电饭锅

（1）刷干净发热盘。电饭锅发热盘上的污垢或者锈渍太多会导致传热性能变差，消耗的电能也会随之增加。定期清洗发热盘上的"老顽固"，与煮饭慢、耗电多说拜拜。

图3-16　清洗干净发热盘

（2）避免反复加热。不少人使用电饭锅的智能保温模式。食物温度低于 70 ℃时，电饭锅就会重复自动加热。为了避免电饭锅耗电，尽可能在接近用餐时间使用电饭锅，加热完毕后马上拔掉插头。

图3-17 避免反复加热

4.空调

（1）慎用电辅热。只有室外气温极低时才需要使用电辅热功能。据实验，加开空调电辅热功能，会多耗电约30%。

（2）适当调节温度。冬季室内空调温度调至 20 ℃ 左右最节能。每升高 1 ℃，空调将多耗费 6%~8% 电量。在夏季，空调调至 26 ℃ 左右，舒适又省电。

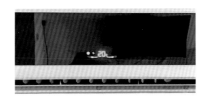

图3-18 适当调节温度

（3）冬季出风口要朝下。冬天空调使用的是制热模式。热空气比冷空气轻，在制热时出风口朝下吹热风，热空气上升快，可以加快冷热空气交换，使整体室温快速上升。

5.热水器

（1）根据气温设定温度。天气冷时，水温及环境温度较低，可提前 3~5 h 加热，水温调至 60~70 ℃。

（2）最好拔掉电源。非节能型热水器不用时，最好拔掉热水器电源，需要使用时再提前将其打开，避免长期处于保温状态。

（3）定期检查镁棒。定期检查热水器中的镁棒，清理水垢。镁棒水垢堆积严重，会导致加热效率降低，如加热器持续工作，特别费电。

图3-19　根据气温设定温度

6. 电动汽车

低谷时段充电。以四川为例，个人充电桩用电执行"居民合表电价"，同时执行分时浮动，按规定的峰谷时段和浮动比例执行，具体电价如表3-2所示。可以看出，用充电桩给电动汽车充电，最好选择夜间用电低谷时段，既可以减少费用支出，同时能缓解用电高峰时段电力紧张局面，达到削峰填谷的目的。

表3-2　居民电价

电压等级	分时电度电价（元/kW·h）		
	峰	平	谷
不满1 kV	0.856 74	0.546 4	0.236 06
1～10 kV	0.840 74	0.536 4	0.232 06

注：高峰时段：10:00～12:00、15:00～21:00；平段：7:00～10:00、12:00～15:00、21:00～23:00；低谷时段：23:00至次日7:00。

三、智能家居——打造自己的"贾维斯"

智能家电、智能控制设备等智能终端，将在智能电网中占据很重要的地位。通过在手机上安装的用电 App，就能远程遥控电热水器、空调、冰箱、电热水壶等电器，可以轻松实现在电价便宜的时候用电。

（一）智能家居的概念

智能家居是在互联网影响下出现的物联化产物。它以住宅为平台，利用先进的计算机技术、网络通信技术、智能云端控制、综合布线技术、医疗电子技术等，依照人体工程学原理，融合个性需求，将与家居生活有关的各个子系统，如安防、灯光控制、窗帘控制、煤气阀控制、信息家电、场景联动、地板采暖、健康保健、卫生防疫、安防保安等有机地结合在一起，通过网络化综合智能控制和管理，构建高效的住宅设施与家庭日常事务的管理系统，提升家居安全性、便利性、舒适性、艺术性，并实现环保节能的居住环境。

（二）智能家居的应用

设想一个有趣的场景，如冬天外出，回家之前通过 App 提前打开空调，开门就能触摸温暖。想在早晨 6 点之前用半价电烧一壶水，但又不想那么早起床操作，可以借助 App 定时功能，确保 6 点前自动完成烧水……通过 App，还能如同查询手机流量一样，随时了解某个电器设备在某一段时间内的耗电量，使用户对于自己的用电账本一目了然。

1. 智能安防系统

智能安防系统是保障用户居家安全的有效技术手段。运用现代科技手段开发的家庭防盗报警系统完全满足家庭安全防盗、自动报警的需要，同时还提供远程监控的联网防范措施，使得家庭安全防盗更加可靠。因此，家庭防盗报警系统是智能化安防系统设计的必备系统之一。

智能安防系统主要包括门禁、报警和监控三大部分。其中，产品包含智能门锁、智能门铃、智能摄像头、智能传感器、人体传感器、门窗传感器、气体泄漏传感器、水浸传感器等。安防系统采用安全防护系统软件的自动化监管功能，若发生火灾事故及有害物质泄漏、盗窃等安全事故，安防监控系统的系统软件能全自动警报。

住户开启智能安防系统后，当有人非法破门进入或开启玻璃窗潜入室内时，安装在门或窗上的红外线探测器会自动探测到入侵信号，并且立即发送给主机，主机将自动启动声光报警系统，并将信号经智能安防控制主机传到监控管理中心的监控系统。用户监控屏幕上的住户地图相应位置会出现报警提示，并显示住户在哪一幢楼的哪一个房间里发生的是哪一种类型的报警，并通知相应的人员赶赴现场，有效保障用户家的安全、财产的安全、生命的安全。

图3-20 智能安防系统

2. 智能灯光系统

智能灯光系统是智能家居中最基本的设备之一。不同于传统的灯光系统，智能灯光系统能够通过语音或者智能手机应用来控制灯光的亮度、颜色、场景等。智能灯光系统可以让用户随时随地掌控家庭灯光的情景，比如用户可以通过语音控制将客厅的灯光变暗，营造出一个更加温馨的氛围，也可根据不同生活场景需求进行灯光设置，如就餐模式、阅读模式、派对模式、迎宾模式、观影模式和交友模式等，使用简单，操作方便。

图3-21　智能灯光系统

3. 智能家电控制

智能家电控制是许多智能家居系统的重点之一。通过智能家电系统，用户可以控制家庭中的电器，比如空调、电视、音响等。通过智能手机应用或语音控制，用户可以轻松地调整家庭中的电器，不需要再跑来跑去调整每个电器的控制器。通过手机 App、控制面板和定时，实现对电器的实时控制，如插座、空调、冰箱等智能控制，让用户即使不在家中，也能随时掌控家中电器使用情况。

4. 智能窗帘控制

智能窗帘控制是一个非常实用的智能家居功能。通过智能手机应用或语音控制，用户可以随时控制窗帘的开合，不需要再手动拉动窗帘。这不仅方便了我们的生活，还可以为家庭增添一份智能化的气息。智能窗帘系统可实现对各个不同房间的窗帘进行情景控制，根据天气状况开合窗帘，或调整窗帘的开合程度。

5. 智能家庭娱乐

智能家庭娱乐是许多智能家居系统的重要组成部分。通过智能家庭娱乐系统，用户可以随时随地享受高品质的音乐、电影、游戏等。比如，用户可以通过智能电视或音响系统观看高清电影或播放高品质的音乐，在家中也能享受舒适的娱乐体验。

家庭背景音乐控制系统由智能主机面板及多个音响组成，在家庭任何一个空间里，比如走廊、客厅、卧室、厨房或卫生间，均可布上背景音乐喇叭线，实现既可以多个音乐点播放音乐，又可以独立控制播放曲目和音量，让每个房间都能听到不同的美妙音乐。

6. 智能庭院控制系统

智能庭院控制系统包括智能照明系统、智能花园系统、智能安防系统、休闲娱乐系统等，可实现与室内不一样的生活体验，如太阳能新能源庭院智能照明，实现室内智能场景设置、远程控制的同时，还能实现光感开关、入侵模式灯光闪烁等功能，另外太阳能与市电供电混用的模式，更加节能。

四、新能源——闪亮登场的能源"新星"

传统的发电一般都是火力发电和水力发电，现在核电也在逐步发展中。光伏发电、风电等新能源发电，过去都很难和传统电网相连接，而智能电网将改变这一现状。

在"碳中和－碳达峰"目标的引领下，风、光等新能源在智能电网中的渗透率越来越高，且消纳水平也不断提高。据有关研究，目前全国的新能源利用率处于较高水平，其中，风电利用率从2016年的82.4%提高到2022年的96.7%；光伏发电利用率则从2016年的90%提高到2022年的98.2%。风电机组累计装机容量达3.56亿kW，光伏机组累计装机容量达3.93亿kW。而预计在"十四五"期间，"五大六小"11家发电企业将新增新能源装机530 GW。

智能电网会简化新能源发电入电网的过程，改进的互联标准将使各种各样的发电和储能系统容易接入，做到"无缝接入、即插即用"。从小到大各种不同容量的发电和储能设备，在所有的电压等级上都可以实现互联（包括光伏发电、风电、电池系统、即插式混合动力汽车和燃料电池等）。未来，用户甚至可以安装自己的发电设备，实现自产自销。

（一）太阳能发电

1. 太阳能发电的种类

太阳能发电分为光发电和热发电两种。

（1）太阳能光发电是指无须通过热过程直接将光能转变为电能的发电方式。它包括光伏发电、光化学发电、光感应发电和光生物发电。如今，光伏发电已成为太阳能发电技术的主力军，光伏发电的并网装机容量占全部太阳能发电并网装机容量的99%以上。

（2）太阳能热发电是通过水或其他工质和装置将太阳辐射能转换为电能，先将太阳能转换为热能，再将热能转换成电能。它有两种转化方式：一种方式是将太阳热能直接转换成电能，如半导体或金属材料的温差发电，真空器件中的热电子和热电离子发电，碱金属热电转换，以及磁流体发电等；另一种方式是将太阳热能通过热机（如汽轮机）带动发电机发电，与常规热力发电类似，只不过是其热能不是来自燃料，而是来自太阳能。

2. 光伏发电的原理

光伏发电是根据光生伏特效应原理，利用太阳能电池将太阳光能直接转换为电能。

3. 太阳能电池的分类

根据电池材料和制造工艺的不同，地面应用的太阳能电池技术可分为晶硅太阳能电池技术、薄膜太阳能电池技术、聚光太阳能电池技术以及新型太阳能电池技术。

由于硅资源丰富、价格低廉、材料产业化程度高，晶硅太阳能电池被公认为目前实现太阳能高效、廉价且广泛利用的主要途径，

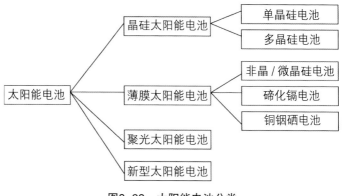

图3-22　太阳能电池分类

目前晶硅太阳能电池占市场主导地位，市场份额超过90%，在可预见的将来，仍将占主要的市场份额，并将向低成本和高效率发展。在实验室所研发的太阳能电池中，单晶硅电池效率为25.0%，多晶硅电池效率为20.4%。

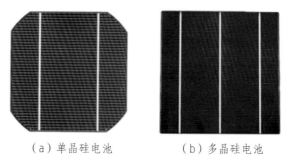

（a）单晶硅电池　　　　（b）多晶硅电池

图3-23　晶硅太阳能电池

薄膜太阳能电池适用于一些特殊场合，地面电站应用少。虽然目前其转化效率难以突破晶硅电池现有水平，市场份额不足10%，但未来薄膜太阳能电池将向着高效率、稳定性和长寿命发展，具有较好的发展前景，特别是新型柔性太阳能电池技术受到广泛关注。目前，商业化应用的硅基薄膜太阳能电池的效率为8%~10%。

砷化镓化合物电池转换效率可达 28%，但材料价格昂贵；铜铟硒、碲化镉多晶薄膜电池的效率为 12%~13%。

新型太阳能电池包括叠层电池、量子点电池、钙钛矿型电池等多种技术。其效率高，但材料制备困难且价格昂贵，目前仍处于探索研究中，商业化还需时日。

图3-24　新型太阳能电池

4. 光伏发电的分类

（1）独立光伏发电。

独立光伏发电系统也称为离网光伏发电系统，主要由太阳能电池组件、控制器、蓄电池组成，若要为交流负载供电，还需要配置交流逆变器。

（2）并网光伏发电。

并网光伏发电系统就是太阳能组件产生的直流电经过并网逆变器转换成符合市电电网要求的交流电之后直接接入公共电网。并网光伏发电系统有集中式大型并网光伏电站，一般都是国家级电站，主要特点是将所发电能直接输送到电网，由电网统一调配向用户供电。但这种电站投资大、建设周期长、占地面积大，发展难度相对较大。而分散式小型并网光伏系统，特别是光伏建筑一体化发电系统，由于投资小、建设快、占地面积小、政策支持力度大等优点，成为并网光伏发电的主流。

（3）分布式光伏发电。

分布式光伏发电系统又称为分散式发电或分布式供能系统，是指在用电现场或靠近用电现场配置较小的光伏发电供电系统，以满足特定用户的需求，支持现存配电网的经济运行，或者同时满足这两个方面的要求。

分布式光伏发电系统的基本设备包括光伏电池组件、光伏方阵支架、直流汇流箱、直流配电柜、并网逆变器、交流配电柜等设备，另外还有供电系统监控装置和环境监测装置。其运行模式是，在有太阳辐射的条件下，光伏发电系统的太阳能电池组件阵列将太阳能转换为电能，经过直流汇流箱集中送入直流配电柜，由并网逆变器逆转换成交流电供给建筑自身负载，多余或不足的电力通过连接电网来调节。

5.光伏发电的优势

（1）太阳能资源取之不尽、用之不竭，而且太阳能在地球上分布广泛，只要有光照的地方就可以使用光伏发电系统，不受地域、海拔等因素的限制。

（2）太阳能资源随处可得，可就近供电，不必长距离输送。

（3）光伏发电的能量转换过程简单，是直接从光能到电能的转换，没有中间过程和机械运动，不存在机械磨损。

（4）光伏发电本身不使用燃料，不排放包括温室气体和其他废气在内的任何物质，不污染空气，不产生噪声，对环境友好，不会遭受能源危机或燃料市场不稳定而造成的冲击，是真正绿色环保的新型可再生能源。

（5）光伏发电过程不需要冷却水，可以安装在没有水的荒漠戈壁上。

（6）光伏发电无机械传动部件，操作、维护简单，运行稳定可靠。

（7）光伏发电系统工作性能稳定可靠，使用寿命长，晶硅太阳能电池寿命可长达 20~35 年。

6. 光伏发电的劣势

（1）能量密度低。尽管太阳投向地球的能量总和极其巨大，但由于地球表面积也很大，而且地球表面大部分被海洋覆盖，真正能够到达陆地表面的太阳能量只有到达地球范围太阳辐射能量的 10% 左右，致使在陆地单位面积上能够直接获得的太阳能量较少。

（2）占地面积大。太阳能能量密度低，这就使得光伏发电系统的占地面积会很大，每 10 kW 光伏发电功率占地约需 100 m^2，平均每平方米面积发电功率为 100 W。

（3）转换效率低。光伏发电的最基本单元是太阳能电池组件。光伏发电的转换效率指光能转换为电能的比率，目前晶硅光伏电池的转换效率为 13%～17%，非晶硅光伏电池的转换效率只有 5%～8%。

（4）间歇性工作。在地球表面，光伏发电系统只能在白天发电，晚上不能发电，除非在太空中没有昼夜之分的情况下，太阳能电池才可以连续发电，这与人们的用电需求不符。

（5）受气候环境因素影响大。光伏发电的能源直接来源于太阳光的照射，而地球表面的太阳照射受气候的影响很大，长期的雨雪天、阴天、雾天，甚至云层的变化都会严重影响系统的发电状态。

（6）地域依赖性强。地理位置不同，气候不同，使各地区日照资源相差很大，光伏发电系统只有应用在太阳能资源丰富的地区，其效果才会好。

（7）系统成本高。由于光伏发电的效率较低，到目前为止，光伏发电的成本仍然是其他常规发电方式的几倍，这是制约其广泛应用的最主要因素。

（8）晶硅太阳能电池的制造过程高污染、高能耗。晶硅太阳能电池的主要原料是纯净的硅，硅是地球上含量仅次于氧的元素，主要存在形式是沙子。从硅砂一步步变成纯度为 99.999 9% 以上的晶体硅，要经过多道化学和物理工序的处理，不仅要消耗大量能源，还会造成一定的环境污染。

7. 光伏发电的应用

光伏发电的应用如图 3-25 ～图 3-28 所示。

图3-25　青海塔拉滩光伏电站（全球装机容量最大的光伏发电站）

图3-26　宁夏腾格里太阳能电站（沙漠光伏并网电站）

图3-27　大同太阳能领跑者基地

图3-28　屋顶光伏发电

（二）风力发电

1.风力资源

风能的运用主要包括风力发电、风帆助航、风力提水、风力致热。目前最主要运用的是风电技术。

2.风力发电的原理

风力发电就是利用一阵阵呼呼的风带动风车的叶片旋转，再通过增速机将叶片进行加速，来促使发电机发电。风力发电所需要的装置称作风力发电机组。

3.风力发电机组的结构

风力发电机组是由风轮、传动系统、偏航系统、液压系统、制动系统、发电机、控制与安全系统、机舱、塔架和基础等组成的。
各主要组成部分功能简述如下。

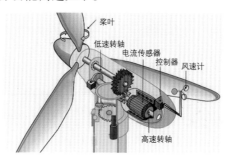

图3-29 风机结构

（1）叶片。

叶片是吸收风能的单元，用于将空气的动能转换为叶轮转动的
机械能。

（2）变桨系统。

变桨系统通过改变叶片的桨距角，使叶片在不同风速时处于最
佳的吸收风能的状态。当风速超过切出风速时，使叶片顺桨刹车。

（3）齿轮箱。

齿轮箱是将风轮在风力作用下所产生的动力传递给发电机，并
使其得到相应的转速。

（4）发电机。

发电机是将叶轮转动的机械动能转换为电能的部件。转子与变
频器连接，可向转子回路提供可调频率的电压，输出转速可以在同
步转速 ±30% 范围内调节。

（5）偏航系统。

偏航系统与控制系统相配合，使叶轮始终处于迎风状态，充分
利用风能，提高发电效率。同时，提供必要的锁紧力矩，以保障机
组安全运行。

（6）轮毂系统。

轮毂的作用是将叶片固定在一起，并且承受叶片上传递的各种载荷，然后传递到发电机转动轴上。轮毂结构是3个放射形喇叭口拟合在一起的。

（7）底座总成。

底座总成主要由底座、下平台总成、内平台总成、机舱梯子等组成。通过偏航轴承与塔架相连，并通过偏航系统带动机舱总成、发电机总成、变桨系统总成。

4. 世界上第一台风力发电机

风力机最早出现在3 000年前，当时主要用于碾米和提水。第一台自动运行的且用于发电的风力机是由美国电力工业的奠基人之一 Charles F. Brush 于1888年创造的。同一时期，丹麦工程师 Poul La Cour 经过试验研究发现，转速慢且叶片多的风力发电机性能低于转速快且叶片少的风力发电机，基于此原理，他试制了一台含4组叶片且额定容量为25 kW的风力发电机，为现代风力发电机组奠定了基础。而风力发电真正得到世界各国的重视，是在1973年石油危机以后，风能作为一种取之不尽、用之不竭的清洁能源重新回到了主流工业界的视野。

图3–30　第一台风力发电机

5. 风力发电机转一圈能发的电量

以一台额定功率为 4 500 kW 的风力发电机为例，风机塔筒高 95 m，叶轮直径 155 m，单支叶片长度为 78 m，每支重 21.3 t，整个风机的质量为 474.9 t。该风机在额定风速下每小时发电 4 500 kW·h，叶轮每转一圈可以发电 7.89 kW·h，带来经济效益为 4.26 元。相当于每转一圈减少燃烧 2.5 kg 煤，减排二氧化碳 7.8 kg。

6. 风力发电的种类

（1）水平轴风力发电机。水平轴风力发电机分为升力型和阻力型两类。升力型风力发电机旋转速度快，阻力型风力发电机旋转速度慢，对于风力发电，多采用升力型水平轴风力发电机。大多数水平轴风力发电机具有对风装置，像一名随时出击的"拳击手"，始终与风向正面碰撞。

（2）垂直轴风力发电机。垂直轴风力发电机并不理会风向的改变，在这点上相对于水平轴风力发电机是一大优势，它不仅使结构设计简单，而且减少了风轮对风时的向心力。图 3-31 所示为垂直轴风力发电机。

图3-31 垂直轴风力发电机

（3）无叶片风机。无叶片风机由西班牙科技公司 Vortex Bladeless 设计制造，利用了"涡旋脱落效应"，即当风碰到建筑物并在其表面流动时，气流会发生变化，并在自己的尾端产生循环涡流，这使得风机能够像巨大的稻草一样在风中摇摆不定，从而发电。图 3-32 所示为西班牙科技公司 Vortex Bladeless 生产的无叶片风机。

图3-32　无叶片风机

7. 风力发电的优势

（1）不会对环境造成污染。

（2）可再生，永不会枯竭。

（3）小风车建造较快，技术成熟。

（4）装机规模灵活。

8. 风力发电的劣势

（1）风车转动会产生噪声。

（2）风车建设占用的土地面积较大。

（3）风不会随时都存在，对电能质量会产生影响。

（4）风车的造价较高。

9. 风力发电的应用

风力发电的应用如图 3–33 ~图 3–35 所示。

图3-33　甘肃酒泉风电基地（目前世界最大的风力发电厂）

图3-34　新疆达坂城风力发电厂（中国第一个大型的风电场）

图3-35　江苏启东海上风电场（国内单体容量最大的海上风电场）

（三）光热发电

光热发电是通过"光—热—功"的转换过程实现发电的一种技

术。光热发电利用能源为太阳能，通过聚光器将低密度的太阳能聚集成高密度的能量，经由传热介质将太阳能转换为热能，通过热力循环做功实现到电能的转换。

1. 槽式光热发电

槽式电站的关键设备主要包括聚光器、吸热管和储热器。槽式光热发电是最早实现商业化运行，也是目前全球商业化运行电站中占比最大的技术形式。

图3-36　槽式光热发电

主要特点有：结构简单、成本较低；可通过多个聚光－吸热装置的串、并联组合，构成较大容量的光热发电系统；聚光比不高，一般在 50~80，传热介质温度也难以提高，一般在 400 ℃左右；槽式系统热传递回路长、热损耗大，系统综合效率较低，为11%~15%。

2. 塔式光热发电

塔式电站主要包括定日镜、太阳塔、吸热器和储热器等。根据吸热器内传热介质的不同，塔式电站主要包括水／蒸汽、熔融盐和空气三种。

图3-37 塔式光热发电

主要特点有：聚光比较高，一般为 300~1 000，容易实现较高的运行温度（500~1 400℃）；热传递路程短、热损耗少，综合效率高，目前可达到 14% 左右；适合于大规模、大容量商业化应用；系统一次性投入大，装置结构和控制系统复杂，成本较高。

3. 碟式光热发电

碟式发电系统关键部件包括碟式聚光器、斯特林机和传动系统。

图3-38 碟式光热发电

主要特点有：聚光比高，一般为 1 000~3 000，运行温度可接近 1 000 ℃，峰值光电转换净效率可达到 30%；碟式发电系统功率较小，一般为 5~50 kW，单位造价昂贵；发电成本不依赖于工程规模，既可以作为分布式发电系统使用，也可以建成兆瓦级的电站并网发电。

（四）地源热泵

地源热泵是一种利用浅层地热资源（也称地能，包括地下水、土壤或地表水等），既可供热又可制冷的高效节能空调设备。地源热泵通过输入少量的高品位能源（如电能），实现由低温位热能向高温位热能转移。地能分别在冬季作为热泵供热的热源和夏季制冷的冷源，即在冬季，把地能中的热量取出来，提高温度后，供给室内采暖；夏季，把室内的热量取出来，释放到地能中去。通常地源热泵消耗 1 kW·h 的能量，用户可以得到 4 kW·h 以上的热量或冷量。

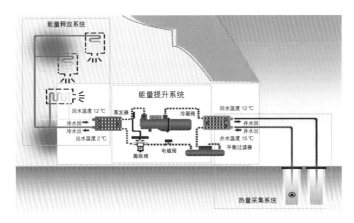

图3-39 地源热泵

五、电动汽车——新能源出行方式

智能电网将先进的传感测量技术、信息通信技术、分析决策技术、自动控制技术和电网技术相结合，并与电网基础设施高度集成，是未来电网发展的方向。电动汽车作为零排放的环保节能交通方式，符合智能电网低碳低能耗的要求；而电动汽车接入电网作为智能用电管理技术的一个部分，对智能电网的发展起到了重要的支持和推动作用。

通过运用先进的智能电网技术，可以对电动汽车的充电行为进行合理的调节，能够达到在充分满足电动汽车充电的同时，将电动汽车充电对电网的影响降低的目的，进而实现电动汽车和智能电网的协调发展。

（一）电动汽车的类型

电动汽车是全部或部分通过电能驱动机来驱动牵引的车辆，利用传统的燃料电池、新型的太阳能电池板等方式进行电力供给。按驱动类型，电动汽车主要有以下几种类型。

1. 燃料电池电动汽车（fuel cell electric vehicle，FCEV）

燃料电池电动汽车以燃料电池作为动力电源，常见的燃料诸如甲醇、氢气等清洁能源。

由于采用清洁无污染的能源作为燃料，且反应过程中不会产生有害物质，所以 FCEV 是无污染汽车。同时，FCEV 化学反应产生大量能量，其能量转换效率较高，比内燃机能量转换效率高 2~3 倍。因此，无论从能源利用还是环境保护的角度来看，FCEV 都是未来汽车发展的方向。

2. 混合动力电动汽车（hybrid electric vehicle，HEV）

混合动力电动汽车同时使用标准燃料和电池作为驱动。

HEV 同时配备了发电机和电动机，优化了车辆性能，当电量消耗完后可利用燃油进行充电。根据发电机和电动机的功率之比，可将 HEV 分为四类：微混、轻混、中混和强混。HEV 作为一种过渡型车型，在近几年发展速度较快，目前国内市场主要应用汽油混合动力。

3. 纯电动汽车（battery electric vehicle，BEV）

纯电动汽车是一种采用电能作为能源的汽车，又称为蓄电池电动汽车。

BEV 通过电动机驱动车辆，其能量存储主要依靠车载蓄电池或者其他储能装置。BEV 本身不排放废气，使用中不会对环境造成污染。电力可由多种能量形式转换而来，比如风力、水力、核能、热能、光伏等，可有效降低对石油资源的依赖度。BEV 充电来源于发电厂或其他分布式电源，大多数电厂建在远离城区的地方，对居民危害小，并且相对集中，排放的废气容易清理；而分布式电源主要利用风光等可再生能源，更加清洁环保，通过 BEV 可实现对新能源发电的消纳，减少弃风弃光现象。

不同类型的电动汽车年销量统计如图 3-40 所示，目前纯电动汽车市场占比最高，而燃料电池电动汽车发展起步较晚，直到 2017 年才进入市场。

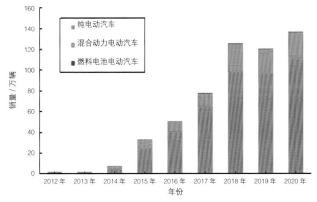

图3-40　2012～2020年不同类型电动汽车销量

三种电动汽车的区别整理后如表 3-3 所示。

表3-3　三种电动汽车区别

电动汽车类型	燃料电池电动汽车	混合动力电动汽车	纯电动汽车
驱动类型	新能源燃料	燃油、电池	电池
能量种类	氢气、甲醇等发电电能	充电电能、石油、天然气、生物质能等	充电电能
生命周期	长久	过渡车型，15~30年	预测50年
优点	低排放或零排放、能量转化率高	低排放、续航里程长	本身零排放、无需化石能源
缺点	发展起步晚，运输存储困难，价格高，充能不便	依赖其他能源、结构复杂，仅作为过渡车辆	前期投入大、充电时间较长、续航里程短

（二）电动汽车的充电设施及方式

自2015年开始，新能源汽车总车桩比逐年下降，见图3-41。车桩比，即汽车总数与充电桩总数的比值。车桩比一定程度上能够反映新能源电动汽车配套设施建设情况，车桩比越低，说明配套设施建设水平越高。充电设施作为最重要的基础设施，其发展对于电动汽车产业布局以及现代城市发展都有很强的现实意义。充电设施的发展趋势，对于下一步城市发展、电网规划也起着决定性作用。

图3-41　中国新能源电动汽车车桩比情况（2015～2021年）

1. 充电基础设施发展情况

1）充电设施总体情况

电动汽车充电桩是安装于公共建筑（公共楼宇、商场、公共停车场等）和居民小区停车场或充电站内，根据不同的电压等级为各种型号的电动汽车提供电力保障的充电设备。

在各级政策不断刺激下，我国的充电设施发展速度不断加快，主要扶持政策如图 3-42 所示。最新数据显示，我国充电设施总量接近 200 万个，车桩比也下降到 3.1∶1，未来在电动汽车销量大幅增加的前提下，充电设施必然快速发展，直到车桩比达到合理的1.2∶1~1.5∶1。充电设施在各种政策支持下蓬勃发展，这预示着属于新能源汽车的时代将要到来，也预示着属于充电基础设施建设的利好时期将要到来。

图3-42 充电设施领域各级政策汇总

2）公共充电设施分布情况

2020 年公共充电桩中，交流充电桩占比 61.67%，直流充电桩占比 38.27%。从运营商充电桩数量来看，特来电、星星充电、国家电网充电桩数量均超过 10 万台，位居前三。

即便当下的车桩比已经下降到 4.67∶1，且新能源电动汽车平均 3~5 d 充电一次，看似比例合理，实则不然。其主要原因是公共充电设施的分布地域不平均，如中国最大的充电设施运营商"特来电"的充电设施分布呈现东部多、中西部少，南方多、北方少的分布特点。

以省份（直辖市）为例，广东、上海、北京、江苏、浙江这 5 个省（市）拥有 46.4 万个公共充电桩，占全国公共充电桩总数的一半以上；而广东、上海等 10 个省（市）拥有 66.7 万个公共充电桩，占全国的 72%，见图 3-43。分布不均不仅仅体现在地域上，还体现在道路类型上，绝大多数充电设施分布于城市道路，特别是市中心，而高速、城乡道路则鲜有分布。国家电网数据显示，我国高速公路充电桩目前的保有量为 10 836 个，在全国公共充电桩总量中的占比不到 1.2%。

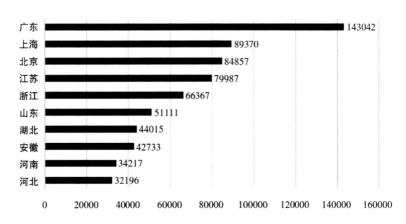

图3-43　全国公共充电桩排名前10省（市）数量情况（2020年）（单位：台）

3）私人充电设施发展情况

私人充电设施的快速发展始于 2015 年，因为电动汽车属于新生事物，正好迎合了许多年轻消费群体的消费特点。2015 年开始新能源汽车产业发展蓬勃，随之而来的是私人购买数量的增加，而在当时，公共充电设施的数量并不多，所以私人充电设施有了较大的发展。截至 2021 年 8 月，我国的私人充电设施近 80 万个，比公共充电设施的数量多出了近 10%，如图 3-44 所示。

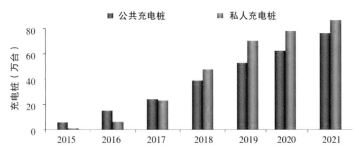

图3-44　公共充电桩和私人充电桩数量增长情况（2015～2021年）

2. 电动汽车的充换电方式

1）外接插入式充电方式

外接插入式充电，简称插充。纯电动汽车动力电池在放电后，从外界输入直流或交流电，按照与放电电流相反的方向通过动力电池，使其恢复电能储备，这个过程就称为动力电池的插充过程。

插充的充电方式又分为快速直流充电和慢速交流充电。

图3-45　外接插入式充电方式

（1）快速直流充电（简称快充）。

快充也被称为地面充电，是通过快充充电桩输出的高强直流电给动力电池直接充电，在较短时间内，动力电池的电量即可充到80%左右。这种充电方式的电压一般在150~400 V，且功率较大。快充的优势就是充电效率高、时间短，但是快充对于汽车动力电池电压和功率的要求较高，也有可能会导致动力电池热管理系统的负载加重，对其造成不良影响。

在当今动力电池技术和快充技术不断进步和普及完善的背景下，家用纯电动汽车的续航里程和充电速度都在不断地提升，而快充对车辆电池效率降低的影响也在逐步减小。以60 kW的普通充电桩为例，为家用纯电动汽车充电，其续航电量从20%充到75%，仅需不到30 min的时间。

（2）慢速交流充电（简称慢充）。

慢充又被称为常规充电、车载充电，是采用随车携带的便携式充电设备进行充电，使用家用电源和充电桩。慢充的充电电流较小，一般为6~32 A，充电电流的形式为三相交流电。根据电流的大小和动力电池的体积，一辆家用纯电动汽车采用慢充方式充满电需要8~12 h，甚至更久。由此可以看出，慢充的缺点是十分明显的，即充电时间过长，但是对充电的成本要求不高。更为重要的一点是，慢充可对家用纯电动汽车动力电池进行深度充电，对电池效率的下降影响也较小，可延长其使用寿命。

2）电池更换模式

电池更换模式仅需将缺电的车载电池用已充满的电池替换，完成一次电池更换仅需10 min。换下的电池可进行慢充，不会对电网造成冲击，引导其有序充电后可助力电力系统的削峰填谷。然而，电池更换模式存在车载电池型号不统一等问题，无法进行统一管理。

该模式在电动汽车技术标准规范后可广泛应用，目前多用于具有相同车型和电池标准的公共交通，比如公交、物流等领域。

图3-46　换电站更换电池充电方式

慢速充电、快速充电和电池更换是目前充电基础设施的主要三种充电模式，这三种充电模式主要特征分析如表3-4所示。

表3-4　三种充电模式特征分析

充电模式	充电特征	优点	缺点	适用范围
慢速充电	通过交流充电桩以小电流在较长时间的慢速充电	1.充电装置安装成本较低； 2.在电价低谷时充电，降低用户充电成本，对电网冲击小	充电时间长，对充电用户造成不便	分散式充电桩、集中式专用充电站
快速充电	通过直流充电桩以较大电流在较短时间内快速充电	充电时间较短，便利性好	1.充电设施前期投入大，投资回报时间长； 2.充电电流大，影响电池寿命，易对电网造成冲击	专用充电站、城际快充站
电池更换	通过机械手臂整组更换储能电池	用时较短，电池充电时间不受限制	造价昂贵	公交、出租等

3）无线充电方式

无线充电方式近几年才进入大众视野，是一种非接触、感应式的充电技术。以高频交变磁场的能量形式，通过埋于地面之下的供电导轨将电能传输给地面之上家用纯电动汽车的电能接收端，以此为动力电池充电，通过此充电方式，车辆可自身携带较少量的动力电池组，且能够延长其续航里程，同时非接触形式使得充电过程更加安全、便捷。

就当前而言，汽车无线充电还只是对充电方式的一次尝试与创新，但相比于大家所熟悉的手机无线充电，汽车的充电频次相对较低，且并不像手机的小型化无线充电装置，使得汽车能够随时实现无线充电，而且汽车的无线充电还必须把汽车开到指定的地点，所以汽车无线充电在现阶段并没有办法从根本上做到"随充随用、方便快捷"。此前，国内外也有专家明确提出了"智能公路"的构想，通过在公路路面下方铺设无线充电板，即可为运行中的电动汽车补能充电，即"边驾车边充电"。

图3-47　无线充电的充电方式

目前，我国家用纯电动汽车的充电方式是以插充为主，对于普通家庭个人用户来讲，插充才是综合当前诸多因素下最具竞争力的充电方式，尤其是快充方式。家用纯电动汽车电能补充方式的发展趋势为充电桩快充为主，多种充电方式并存。

（三）办理充电桩的方法

电动汽车节能环保，综合使用成本低，最关键的是不限号。但是，电动汽车充电方便吗？

近期，成都市经信局等七个部门联合制定了《成都市居民小区电动汽车充电设施建设管理实施细则》（简称《细则》）。《细则》明确，到2025年，全市具备建设条件的既有小区实现充电公用桩全覆盖。

如果所在小区还没有公用充电桩但是已经买了电动汽车，那么有两个选择：一是坐等小区新建（目前暂时在外面公用充电桩充电）；二是给爱车安装一个专用充电位。

那么，如何申请安装自用充电桩呢？申请流程复杂吗？

简单地说，可以分为如图3-48所示三个步骤。

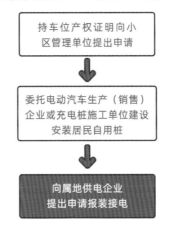

图3-48 充电桩安装申请流程

所以，只要有私人充电桩，并且经所在的物业同意，那么备上相关证明材料就可以向供电公司申请接电了。

掌上申请报装接电流程如下：

（1）打开"网上国网"App，点击【更多】。

图3-49　网上国网App首页

（2）在【办电】界面点击【充电桩报装】。

图3-50　功能界面

（3）报装申请所需资料：车位使用证明、产权人身份证明、物业证明、车位及允许施工证明。

< 　　　　　　　　个人充电桩报装

如果您未完善信息，请您在办理过程中先完善个人信息。

该业务需提供以下合法证明

车位使用证明　　　　身份证明　　　　物业证明

车位使用证明

车位产权证 / 车位租赁证明 / 车位及允许施工证明之一

产权人身份证明（经办人办理时必备）

身份证 / 军人证 / 护照 / 户口簿 / 公安机关户籍证明之一

物业证明

物业公司允许施工的相关证明等

车位及允许施工证明

点击查看参考模板

图3-51　个人充电桩报装界面1

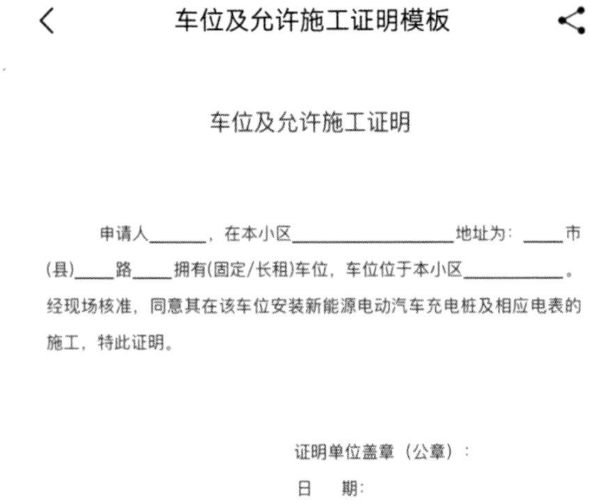

< 　　　　车位及允许施工证明模板　　　　 <

车位及允许施工证明

申请人_____，在本小区_____地址为：____市（县）____路____拥有(固定/长租)车位，车位位于本小区_____。经现场核准，同意其在该车位安装新能源电动汽车充电桩及相应电表的施工，特此证明。

证明单位盖章（公章）：

日　　期：

图3-52　车位及允许施工证明

（4）按要求选择填写相关地址，地址与容量确认无误后（如果您不清楚需要申请的容量信息，可以查阅充电桩说明书或铭牌），点击【下一步】。

图3-53　个人充电桩报装界面2

（5）上传所需证明资料，核对信息无误后提交申请，将有工作人员尽快与您联系处理。

图3-54　个人充电桩报装界面3

最新《细则》明确了既有小区自用桩的建设管理流程：申请人向小区管理单位提出申请，小区管理单位应于7个工作日内核实查勘。原则上，小区管理单位应支持充电桩报装接电，并在"充电设施报装申请表"上签章。

有了上述充电攻略，充电不再愁，出行更轻松。

参考文献

[1] 杨珂，玄佳兴，王焕娟，等. 区块链技术在能源电力行业的研究及业务应用综述[J]. 电力建设，2020，41（11）：1-15.

[2] 王蓓蓓，李雅超，赵盛楠，等. 基于区块链的分布式能源交易关键技术[J]. 电力系统自动化，2019，43（14）：53-64.

[3] 郑毅，刘天琪. 配电自动化工程技术与应用[M]. 北京：中国电力出版社，2016.

[4] 刘念，刘文霞，刘春明. 配电自动化[M]. 北京：机械工业出版社，2019.

[5] 郭谋发. 配电网自动化技术[M]. 北京：机械工业出版社，2018.

[6] 张楠. 配网自动化在电力系统中的应用[D]. 唐山：华北理工大学，2019.

[7] 朱永康，朱可可，杨月海，等. 新能源电动汽车充电设施发展研究[J]. 汽车工业研究，2023，312（1）：24-26.

[8] 刘佳豪. 家用纯电动汽车充电方式的发展现状及趋势[J]. 专用汽车，2023，310（3）：66-69.

[9] 霍振星，王敏鑫，石丽娜，等. 电动汽车及充电设施发展现状分析与展望[J]. 农电管理，2023，326（1）：28-30.

[10] 张安越.基于电动汽车出行时空特性分布的充电站优化模型研究[D]. 南京：南京邮电大学，2022.